環境・都市システム系 教科書シリーズ 8

建 設 材 料

工学博士 中嶋 清実
工学博士 角田 忍 共著
博士(工学) 菅原 隆

コロナ社

環境・都市システム系 教科書シリーズ編集委員会	
編集委員長　澤　　孝平（元明石工業高等専門学校・工学博士）	
幹　　事　　角田　　忍（明石工業高等専門学校・工学博士）	
編集委員　　荻野　　弘（豊田工業高等専門学校・工学博士）	
（五十音順）奥村　充司（福井工業高等専門学校）	
川合　　茂（和歌山工業高等専門学校・博士（工学））	
嵯峨　　晃（神戸市立工業高等専門学校）	
西澤　辰男（石川工業高等専門学校・工学博士）	

（2006年10月現在）

刊行のことば

　工業高等専門学校（高専）や大学の土木工学科が名称を変更しはじめたのは 1980 年代半ばです。高専では 1990 年ごろ，当時の福井高専校長　丹羽義次先生を中心とした「高専の土木・建築工学教育方法改善プロジェクト」が，名称変更を含めた高専土木工学教育のあり方を精力的に検討されました。その中で「環境都市工学科」という名称が第一候補となり，多くの高専土木工学科がこの名称に変更しました。その他の学科名として，都市工学科，建設工学科，都市システム工学科，建設システム工学科などを採用した高専もあります。

　名称変更に伴い，カリキュラムも大幅に改変されました。環境工学分野の充実，CAD を中心としたコンピュータ教育の拡充，防災や景観あるいは計画分野の改編・導入が実施された反面，設計製図や実習の一部が削除されました。

　また，ほぼ時期を同じくして専攻科が設置されてきました。高専～専攻科という 7 年連続教育のなかで，日本技術者教育認定制度（JABEE）への対応も含めて，専門教育のあり方が模索されています。

　土木工学教育のこのような変動に対応して教育方法や教育内容も確実に変化してきており，これらの変化に適応した新しい教科書シリーズを統一した思想のもとに編集するため，このたびの「環境・都市システム系教科書シリーズ」が誕生しました。このシリーズでは，以下の編集方針のもと，新しい土木系工学教育に適合した教科書をつくることに主眼を置いています。

（1）　図表や例題を多く使い基礎的事項を中心に解説するとともに，それらの応用分野も含めてわかりやすく記述する。すなわち，ごく初歩的事項から始め，高度な専門技術を体系的に理解させる。

（2）　シリーズを通じて内容の重複を避け，効率的な編集を行う。

（3）　高専の第一線の教育現場で活躍されている中堅の教官を執筆者とす

る。

　本シリーズは，高専学生はもとより多様な学生が在籍する大学・短大・専門学校にも有用と確信しており，土木系の専門教育を志す方々に広く活用していただければ幸いです。

　最後に執筆を快く引き受けていただきました執筆者各位と本シリーズの企画・編集・出版に献身的なお世話をいただいた編集委員各位ならびにコロナ社に衷心よりお礼申し上げます。

2001年1月

編集委員長　澤　　孝　平

まえがき

　近年の建設分野の目覚ましい発展により，きわめて多くの新材料，新工法が開発されている。建設技術者は需要に応じて，建設材料を適材適所に使用しなければならない。建設構造物の多くは公共的色彩が強く，その建設にあたっては十分な安全性，耐久性ならびに経済性が要求される。こうしたことから，建設構造物を計画，設計，施工するに際し，使用する材料の諸性質を十分把握し，その使用を誤らないことがきわめて重要である。

　また，消費型社会から循環型社会への転換で，産業副産物や建設廃材の環境問題がクローズアップされている。今後はそのような物の削減に努めなければならないが，排出された物に対しては，その特徴を生かした再利用が必要である。

　本書は，高専，大学，短大などの建設系学生の教科書，および参考書として，さらに工業高校生の参考書としても利用できるよう配慮した。

　建設材料は，通常，低学年より履修されるため，専門的知識が希薄なうちから学習されることが多い。そのため本書は初めて学ぶ学生に対しても十分理解できるように，基礎的事項をできるだけ平易に解説した。また，日本工業規格（JIS）ならびに土木学会標準示方書に準拠した。

　本書の執筆にあたり，多くの文献を参考にした。引用させて頂いた著者の方々に心からお礼申し上げる。本書がよき教科書，参考書として多少なりともお役に立つことができるならば，まことに幸いである。

　なお，建設材料は広範多岐にわたっており，枚数の都合で，すべてを詳細に述べることは不可能なので，さらに詳細を求められる場合には，各材料についての専門書，参考書，関連学会，協会等を参照されたい。最後に，本書の出版にあたり，大変お世話になったコロナ社に厚く御礼申し上げる。

2003年1月

　　　　　　　　　　　　　　　　　　　　　　　　　　　　著　　者

目　　　次

1. 緒　　論

1.1　建設材料の分類 …………………………………………………………………1
1.2　建設材料の規格 …………………………………………………………………2
演 習 問 題 …………………………………………………………………………2

2. 建設材料の基本的性質

2.1　力 学 的 性 質 …………………………………………………………………3
　2.1.1　強さと応力・ひずみ …………………………………………………………3
　2.1.2　弾 性 係 数 ……………………………………………………………………4
　2.1.3　そのほかの力学的性質 ………………………………………………………7
2.2　物 理 的 性 質 …………………………………………………………………8
　2.2.1　質量に関する性質 ……………………………………………………………8
　2.2.2　熱に関する性質 ………………………………………………………………9
　2.2.3　電気に関する性質 ……………………………………………………………9
　2.2.4　音に関する性質 ………………………………………………………………9
2.3　光に対する性質 …………………………………………………………………10
2.4　化 学 的 性 質 …………………………………………………………………10
演 習 問 題 …………………………………………………………………………10

3. 高 分 子 材 料

3.1　合成高分子材料の種類と特性 …………………………………………………11
3.2　合 成 樹 脂 ……………………………………………………………………12
　3.2.1　概　　　要 ……………………………………………………………………12

vi　目　次

　3.2.2　建設材料への応用例 ……………………………………… 13
3.3　合　成　ゴ　ム ………………………………………………… 14
　3.3.1　概　　　要 …………………………………………………… 14
　3.3.2　エラストマーの種類と特性 ………………………………… 14
　3.3.3　建設材料への応用例 ………………………………………… 16
3.4　合　成　繊　維 ………………………………………………… 16
　3.4.1　概　　　要 …………………………………………………… 16
　3.4.2　建設材料への応用例 ………………………………………… 17
3.5　高分子材料を用いた複合材料 ………………………………… 18
　3.5.1　概　　　要 …………………………………………………… 18
　3.5.2　繊維強化プラスチック ……………………………………… 18
3.6　そのほかの高分子材料 ………………………………………… 19
　3.6.1　接　着　剤 …………………………………………………… 19
　3.6.2　ひび割れ注入材 ……………………………………………… 20
　3.6.3　プラスチックコンクリート ………………………………… 20
演　習　問　題 ………………………………………………………… 24

4.　アスファルト

4.1　製　造　方　法 ………………………………………………… 25
　4.1.1　アスファルトの分類 ………………………………………… 25
　4.1.2　原　　　油 …………………………………………………… 26
　4.1.3　ストレートアスファルト …………………………………… 26
　4.1.4　ブローンアスファルト ……………………………………… 27
　4.1.5　アスファルト乳剤 …………………………………………… 27
　4.1.6　カットバックアスファルト ………………………………… 29
4.2　アスファルトの諸性質 ………………………………………… 30
　4.2.1　アスファルトの化学的性質 ………………………………… 30
　4.2.2　アスファルトの物理的性質 ………………………………… 31
4.3　アスファルト混合物の種類 …………………………………… 33
　4.3.1　概　　　要 …………………………………………………… 33
　4.3.2　性　　　質 …………………………………………………… 34

演習問題 …………………………………………………………… *35*

5. 複合材料

5.1 複合材料の性質 …………………………………………… *36*
5.2 複合材料の建設材料への適用 …………………………… *38*
演習問題 …………………………………………………………… *38*

6. 金属材料

6.1 概　　　要 …………………………………………………… *39*
6.2 鉄　金　属 …………………………………………………… *39*
　6.2.1 鋼材の製造方法 ………………………………………… *40*
　6.2.2 鋼材の種類と性質 ……………………………………… *44*
6.3 非 鉄 金 属 …………………………………………………… *49*
演習問題 …………………………………………………………… *50*

7. コンクリート用材料

7.1 セ メ ン ト …………………………………………………… *51*
　7.1.1 セメントの歴史 ………………………………………… *51*
　7.1.2 セメントの種類と規格 ………………………………… *52*
　7.1.3 セメントの製造 ………………………………………… *52*
　7.1.4 セメントの一般的性質 ………………………………… *55*
　7.1.5 セメントの種類とその性質 …………………………… *57*
　7.1.6 セメントの物理的性質 ………………………………… *59*
7.2 骨材および水 ………………………………………………… *61*
　7.2.1 概　　　要 ……………………………………………… *61*
　7.2.2 骨材の一般的性質 ……………………………………… *62*
　7.2.3 骨材の粒度，粒形および粗骨材の最大寸法 ………… *64*
　7.2.4 単位容積質量，実積率および空隙率 ………………… *69*
　7.2.5 骨材中の有害物 ………………………………………… *70*
　7.2.6 アルカリ骨材反応 ……………………………………… *72*

目次

- 7.2.7 各種骨材とその特徴 …………………………………………… 73
- 7.2.8 水 ……………………………………………………………… 76
- 7.3 混和材料 ………………………………………………………………… 77
  - 7.3.1 概　　要 ……………………………………………………… 77
  - 7.3.2 混　和　材 …………………………………………………… 79
  - 7.3.3 混　和　剤 …………………………………………………… 80
- 演習問題 ……………………………………………………………………… 83

8. コンクリート

- 8.1 コンクリート …………………………………………………………… 85
- 8.2 フレッシュコンクリート ……………………………………………… 86
  - 8.2.1 フレッシュコンクリートの性質 …………………………… 86
  - 8.2.2 コンクリートのワーカビリティー ………………………… 87
  - 8.2.3 ワーカビリティーの測定 …………………………………… 88
  - 8.2.4 コンクリートの材料分離 …………………………………… 91
- 8.3 コンクリートの打込み ………………………………………………… 93
  - 8.3.1 練　混　ぜ …………………………………………………… 93
  - 8.3.2 運　　搬 ……………………………………………………… 94
  - 8.3.3 打　込　み …………………………………………………… 94
  - 8.3.4 仕　上　げ …………………………………………………… 95
  - 8.3.5 養　　生 ……………………………………………………… 95
  - 8.3.6 型枠に作用する側圧 ………………………………………… 96
- 8.4 コンクリートの配合設計 ……………………………………………… 97
  - 8.4.1 配合設計の基本 ……………………………………………… 97
  - 8.4.2 配合の表し方 ………………………………………………… 98
  - 8.4.3 試験配合の設計 ……………………………………………… 99
  - 8.4.4 示方配合の決定 ……………………………………………… 106
  - 8.4.5 現場配合の考え方 …………………………………………… 106
  - 8.4.6 配合設計例 …………………………………………………… 106
- 8.5 硬化コンクリート ……………………………………………………… 109
  - 8.5.1 単位容積質量 ………………………………………………… 109

 8.5.2 圧 縮 強 度 …………………………………110
 8.5.3 圧縮強度以外の強度 ………………………115
 8.5.4 弾性および塑性 ……………………………120
 8.5.5 体 積 変 化 …………………………………123
 8.5.6 耐 久 性 …………………………………125
 8.5.7 水 密 性 …………………………………128
 8.5.8 非 破 壊 検 査 ………………………………129
8.6 各種コンクリート ……………………………………131
 8.6.1 AE コンクリート …………………………131
 8.6.2 寒中コンクリート …………………………139
 8.6.3 暑中コンクリート …………………………141
 8.6.4 レディーミクストコンクリート …………142
 8.6.5 水中コンクリート …………………………143
 8.6.6 プレパックドコンクリート ………………145
 8.6.7 吹付けコンクリート ………………………146
 8.6.8 膨張コンクリート …………………………147
 8.6.9 高強度コンクリート ………………………148
 8.6.10 軽量骨材コンクリート ……………………153
 8.6.11 鋼繊維補強コンクリート …………………156
 8.6.12 流動化コンクリート ………………………157
演 習 問 題 ………………………………………………159

9. 環境と建設材料

9.1 概 要 ………………………………………………161
9.2 建設副産物の再利用 …………………………………163
 9.2.1 コンクリート塊の再利用 …………………163
 9.2.2 歴青材料の再利用 …………………………165
9.3 環境への配慮 …………………………………………166
演 習 問 題 ………………………………………………168

引用・参考文献 …………………………………………………… *169*
演習問題解答 …………………………………………………… *171*
索　　引 ………………………………………………………… *174*

1

緒　論

　各種の社会資本を構築するために使用される材料の総称を**建設材料**と呼ぶ。したがって，社会資本の目的に応じた構造物を構築するために使用される建設材料の種類は多岐に及んでいる。人類が生活を安全に，快適に，豊かに暮らすためには，多くの施設が必要であり，それらを構築するための最適な材料が必要となる。建設材料は，各時代，時代に存在する目的に最も適したものが使用され開発されてきた。世界的には，石材が中心の時代があり，わが国においては木材が中心の時代が長く続いた。先人たちは，これらの天然材料の性質をうまく活用して，各種の社会資本を構築し，後世に遺してきたのである。

　建設材料の歴史は古く，コンクリート一つを取ってみても，約9 000年前の新石器時代にその原形が出現しており，鉄に関しては約4 000年前には鉄器時代が始まり，古代エジプトにおいてはアスファルトが接着剤や防腐剤として出現し，これらが現在の建設材料の主流をなすコンクリート，鋼，アスファルトに至っている。現在では，高分子材料の建設材料への適用が急速に進んできている。人類が生活するところには必ず社会資本が存在し，それぞれの時代において身近に入手できる高性能の材料が建設材料に利用されてきたのである。

　各種の構造物の設計・施工にあたって，建設材料に関する知識はきわめて重要である。適材適所という言葉があるが，材料の性質を生かし，目的に応じた，しかも環境に適し，耐久的な構造物を建設することが重要である。

1.1　建設材料の分類

建設材料には各種の材料が適用されているが，これを有機材料と無機材料に

大別して分類すると以下のように分類される。
- ① 有機材料：木材，瀝青材料，高分子材料
- ② 無機材料：鉄金属材料，非鉄金属材料，石材，粘土製品，セメント，コンクリート

これらの材料を単体で用いる以外に，2種類以上の材料を混合または複合して複合材料として使用されることも多い。

1.2 建設材料の規格

各種製品の品質の安定・向上をはかるために，一定の規格を定め，品質・形状・寸法・試験方法を統一することは需要者，生産者にとって受ける利益は大きい。このような目的で，わが国において制定されたのが**日本工業規格**（JIS：Japanese Industrial Standards）である。日本工業規格は17部門に分類されているが，建設材料としては，土木・建築部門（分類記号 A），鉄鋼部門（分類記号 G），窯業部門（分類記号 R）などが多く使われている。

外国規格としては，ASTM（米国：American Society for Testing and Materials），BS（英国：British Standard），DIN（ドイツ：Deutsche Normen），NF（フランス：Norme Francaise）などがある。また，国際規格としては国際標準化機構（ISO：International Organization for Standardization）がある。わが国においても国際化が進み，ISOなど国際的な規格への統一が進む方向にある。

演習問題

【1】 建設材料とはなにか説明せよ。

【2】 建設材料を分類せよ。

【3】 工業規格が必要な理由を説明せよ。

【4】 JISとはなんの略号か説明せよ。

【5】 国際規格を挙げよ。

2

建設材料の基本的性質

　建設材料の性質には，主として要求される性質と，従たる性質がある。主として要求される性質には使用目的に適した力学的性質や物理的性質などがあり，従たる性質としては付随してくる性質，例えば光学的性質などがある。これらの性質は目的によって主従入れ替わるものである。建設材料は，耐荷能力や耐久性のほか経済性や場合によっては景観・美観性が要求される。この章では主要な性質として力学的性質，物理的性質について述べ，そのほかの性質については各材料の章で説明する。

2.1　力 学 的 性 質

2.1.1　強さと応力・ひずみ

　材料に，外力 F が作用するとこれに抵抗するように材料内部に内力が発生する。断面積 A の材料の単位面積当りに発生する内力を**応力**または**応力度** (stress) σ（シグマと読む）という（**図 2.1**）。応力は式 (2.1) で表される。単位は，N/mm² 等で表示する。

$$\sigma = \frac{F}{A} \tag{2.1}$$

　また，長さ L の材料に外力を加えたときに変形 $\varDelta L$ が生じたとすると，単位長さ当りの変形を**ひずみ** (strain) ε（イプシロンと読む）という。ひずみは式 (2.2) で表す。単位は無単位である。

$$\varepsilon = \frac{\varDelta L}{L} \tag{2.2}$$

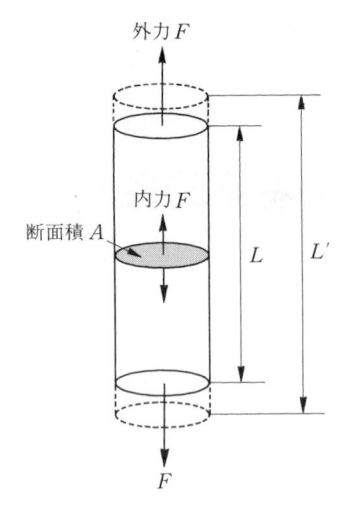

図 *2.1* 外力と変形

材料が破壊するまでに耐えうる最大の応力を**強さ**または**強度**（strength）と呼んでいる。強度には荷重の種類によって圧縮強度，引張強度，曲げ強度，せん断強度，ねじり強度などがある。また，材料に外力が作用すると変形するが，外力を取り除くと元の形状・寸法に戻る性質を**弾性**（elasticity）という。また，逆に元の形状・寸法に戻らない性質を**塑性**（plasticity）と呼んでいる。

2.1.2 弾 性 係 数

図 *2.2* は，軟鋼の引張試験の結果を応力とひずみの関係（**応力-ひずみ図**または $S\text{-}S$ 図：stress-strain diagram）で表したものである。図中の弾性の限界を表す点 E のことを**弾性限度**（elastic limit）と呼ぶ。図中の弾性域の点 P（**比例限度**：proportional limit）までの直線部の勾配を**弾性係数**（modulus of elasticity）または**ヤング係数**（Young's modulus）E といい，応力とひずみが正比例する関係を**フックの法則**（Hooke's law）という。

$$E = \tan \theta = \frac{\sigma}{\varepsilon} \qquad (2.3)$$

図中のおどり場の部分を**降伏**（yield）といい，その最大値を**上降伏点**

2.1 力学的性質　5

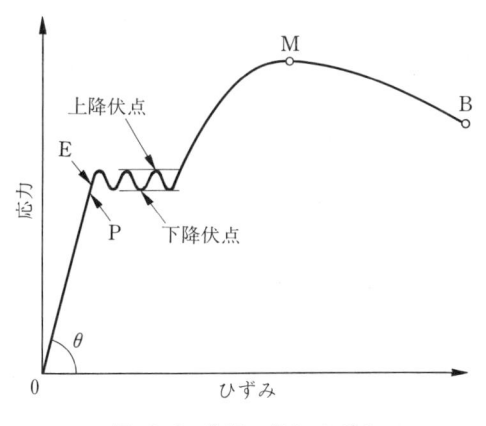

図 2.2 軟鋼の応力-ひずみ

(upper yield point) 最小値を**下降伏点** (lower yield point) と呼んでいる。下降伏点の方が安定しているので，工学的には下降伏点を降伏点として扱っている。この降伏点は，塑性が生じる開始点と考えられている。点 M は，最大応力点で**終局強度** (ultimate strength) とも呼ばれ，この軟鋼の**引張強度** (tensile strength) に相当する。点 B は，**破断点** (breaking point) である。破断点までの応力-ひずみ曲線で囲まれる部分は，破断するまでに使用された**仕事量**（エネルギー）であり，この面積が大きいほど**靱性** (toughness) が大きい（粘り強い）材料であるといえる。その逆で，少しの変形で破壊する性質を**脆性** (brittleness) という。降伏点以上に載荷した後，荷重を取り除くと，ひずみが残る（残留ひずみ）。この残留ひずみの一部は時間の経過後，回復するものがある。このような現象を，**弾性余効**(elastic after-effect)といい，残留ひずみから回復ひずみを取り除いたひずみが塑性ひずみであり，**永久ひずみ** (permanent set) と呼ばれている。このように，すべての材料は多かれ少なかれ弾性的性質と塑性的性質の両方を持っている。明瞭な降伏点が現れない材料においては残留ひずみが基準の値になるような応力を**耐力**または**保証応力** (proof stress) といい，鋼材などでは 0.2 % の残留ひずみに対して 0.2 % の耐力が降伏点の代わりに使われている。

鋏（はさみ）で切るような力を**せん断力**（shear force）といい，せん断力 S をせん断断面積 A で除した応力を**せん断応力**（shear stress）という。断面に平行に働く応力がせん断応力である。材料に荷重をかけると，荷重軸の方向に応力が発生し（**直接応力**または**垂直応力**：normal stress）変形するが，断面に平行方向にも応力が発生し変形する。この荷重軸に直角方向の応力もせん断応力である。この荷重軸方向のひずみ（縦ひずみ）と直角方向のひずみ（横ひずみ）の比を**ポアソン比**（Poisson's ratio）ν（ニューと読む）といい，その逆数を**ポアソン数**（Poisson's number）m という。ポアソン比は，コンクリートでは約 0.17～0.2，鋼では約 0.3 である。

$$\nu = -\frac{（横ひずみ）}{（縦ひずみ）} = \frac{1}{m} \qquad (2.4)$$

せん断についても弾性体の場合，**せん断応力** τ（タウ）と**せん断ひずみ** γ（ガンマ）の間にフックの法則が成り立つ。

$$\tau = \gamma G \qquad (2.5)$$

ここで，G は**せん断弾性係数**（modulus of rigidity）である。G はポアソン比がわかっていると弾性領域内において次式によって求めることができる。

$$G = \frac{1}{2(1+\nu)} E \qquad (2.6)$$

同様に，材料が軸方向垂直応力 p を受けたときに体積変化ひずみ δ は，垂直応力に比例する。このときの比例定数 K を**体積弾性率**（bulk modulus）といい，その逆数を**圧縮率**（modulus of compression）β という。

$$\delta = \frac{p}{K} = p\beta = \frac{3(1-2\nu)}{E} \cdot p \qquad (2.7)$$

コンクリートや高分子材料のような材料では，応力–ひずみ図において弾性限度までに直線部が存在しない場合がある。このような材料に対しては，使用目的に応じて式（2.8）に示す各種の弾性係数が用いられる（**図 2.3**）。

$$\left. \begin{array}{ll} \text{**初期接線係数**（initial tangent modulus）} & E_0 = \tan\theta_0 \\ \text{**接線係数**（tangent modulus）} & E = \tan\theta \\ \text{**割線係数**（secant modulus）} & E_s = \tan\theta_s \end{array} \right\} \qquad (2.8)$$

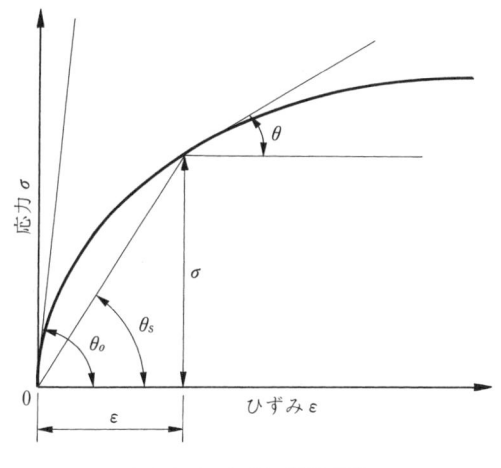

図 2.3　各種の弾性係数

2.1.3　そのほかの力学的性質

　材料に繰返し荷重が作用すると材料強度以下の荷重であっても破壊することがある。このような破壊のことを**疲労破壊**（fatigue failure）という。**図 2.4**のように応力と繰返し回数の関係を表した図のことを **S-N 図**（S-N diagram）といい，ある応力以下で繰返しをしても疲労破壊しない応力のことを**疲労限度**（fatigue limit）という。ある回数 N での疲労破壊強度を**疲労強度**または**時間強度**（fatigue strength at N cycles）という。疲労破壊は急激に起こることが多いので注意を要する。

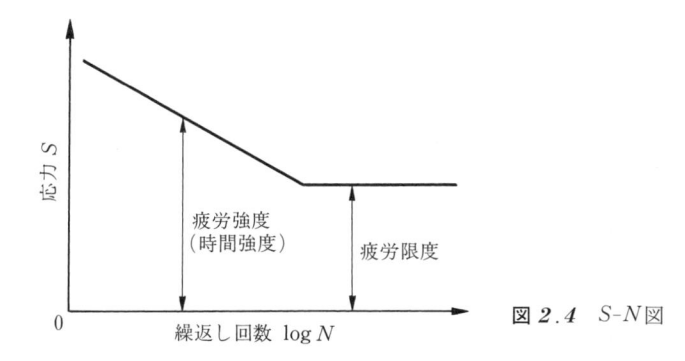

図 2.4　S-N 図

一定の持続荷重のもとで，時間の経過とともにひずみが増加する現象を**クリープ**（creep）という。その逆で，ひずみ一定のもとで時間の経過とともに応力が減少する現象を**リラクセーション**（relaxation）という。これらは疲労の一種と考えられ，コンクリートのクリープおよび鋼材のリラクセーションがプレストレストコンクリート構造の設計で取り上げられる。

部材などに荷重が作用しても変形しにくい性質を**剛性**（rigidity または stiffness）という。剛性には**曲げ剛性**（flexural rigidity）や**ねじり剛性**（tortional rigidity）がある。**硬さ**（hardness）とは，材料の押し込み，引っ掻き，すり減り，切断などに抵抗する性質である。工学的には押し込み硬さが最も広く使用されている。押し込み硬さの代表的なものとして剛球の凹み深さによるブリネル硬度がある。ブリネル硬度 H_B は鋼材の引張強度 f_t と相関関係があるといわれている。

$$f_t = C \cdot H_B \tag{2.9}$$

ここで，C は材料係数で，鋼で 0.35，アルミニウム合金で 0.34 である。

また逆に，材料が大きな変形などによって破壊まで吸収するエネルギー（仕事量）を靱性といい，地震などに対する耐震性や耐衝撃の評価などに使われる。わずかな変形によって破壊する性質を脆性という。ガラスや陶器などはその典型的性質を示す材料である。また対称的に**延性**（ductility）とは材料を引張ることで細長く引き伸ばすことのできる性質であり，**展性**（malleability）は薄くたたき延ばすことのできる性質である。

2.2 物理的性質

2.2.1 質量に関する性質

比重（specific gravity）は，材料の質量をそれと同体積の 4℃における水の質量で割ったもので，**密度**（density）は，質量を体積で割ったものである。**含水率**（water content）は，材料中に含まれる水の質量を乾燥時の質量で割った百分率である。**単位体積質量**（unit weight）は，材料の単位体積当りの

質量で表される。kg/l，kg/m³，ton/m³ などで表される。これらは，構造物の設計における自重の計算や支持力への影響などに関係する性質である。

2.2.2 熱に関する性質

材料が温度変化を受けると伸縮し，温度応力によってひび割れが発生したり大変形を起こし構造物に影響を及ぼす。熱に関する性質には，**熱膨張係数** (coefficient of thermal expansion)，**比熱** (specific heat)，**熱伝導率** (thermal conductivity)，**熱拡散係数** (thermal diffusivity) などがある。

そのほか，アスファルトや高分子材料独特の性質として，**融点** (melting point)，**軟化点** (softening point)，**引火点** (flash point)，**燃焼点** (burning point) などがある。熱膨張係数は，単位長さの材料に温度1℃の変化によって発生するひずみで1℃$^{-1}$で表される。

2.2.3 電気に関する性質

材料に電流を通じたときの電気抵抗を**抵抗率** (resistivity または electric resistance) といい，Ω・m で表す。電気抵抗が無限大になる材料を**絶縁体** (insulator) と呼んでいる。

2.2.4 音に関する性質

騒音問題を解消するために防音効果や遮音効果のある材料が使用される。単位厚さの壁体に e の強さの音が投射されると，壁面において反射 e_1，壁体内で吸収 e_2，散乱 e_3 され残りが透過 e_4 する。この場合の e_1/e を反射率，e_4/e を透過率と呼んでいる。$(e - e_1)/e$ を吸音率 α という。また，透過率の逆数を遮音率といい，遮音度 R は式 (2.10) で与えられる。単位は **dB**（デシベル）で表示される。

$$R = 10 \log_{10} \frac{e}{e_4} \qquad (2.10)$$

遮音度 R は，比重が大きいほど大きい。ただし，音の振動数にもよっても値

は変化する。

2.3　光に対する性質

材料に光が投射された場合の反射，吸収，透過や光沢が検討されることがある。ガラスのような材料の場合，光の透過性が問題になる場合があるし，木材の反射と吸収の比を光沢の指標とされる場合などがある。光は，音の性質に似た性質を有する部分が多い。詳細については光学分野の書に譲る。

2.4　化　学　的　性　質

建設材料において，その製造方法，品質，耐久性など化学的な性質に関する知識が必要となる。材料の化学的成分や組成，化学反応，化学薬品に対する耐久性など検討すべき事項は多岐にわたっており，一概に述べることは困難である。詳細ついては各章において必要に応じ説明する。

演　習　問　題

【1】 半径 2.5 cm，長さ 1 m の円柱材料に 100 kN の圧縮力が作用したところ長さが 98.2 cm になった。また半径は 2.51 cm になっていた。この材料に発生する圧縮応力，縦ひずみ，横ひずみおよびポアソン比を計算せよ。

【2】 長さ 1 km の線材に 30 ℃ の温度差が生じた場合の伸縮量を計算せよ。ただし，線材の熱膨張係数を 12×10^{-6} ℃$^{-1}$ とする。

【3】 フックの法則について述べよ。

【4】 比例限度と弾性限度の違いはなにか説明せよ。

【5】 ヤング係数が 200 kN/mm^2 の弾性材料に 100×10^{-6} のひずみが生じている。フックの法則が成り立つとして応力を計算せよ。

【6】 防音壁の遮音効果を上げるためにはなにに注目すればよいか説明せよ。

3

高 分 子 材 料

　高分子材料とは，分子量のきわめて大きい物質を総称し，一般には分子量1万以上のものを指す。高分子材料としては，天然および合成のものがあり，おのおの無機および有機系に分類される。本章で扱うのは合成高分子材料のうちの有機高分子材料に限っている。

3.1 合成高分子材料の種類と特性

　合成高分子材料は低分子化合物（モノマー＝単量体，合成する場合の基本単位である低分子化合物）を化学的に重合または縮合反応により結合したものである。重合反応とはモノマーどうしが単に連続的に結合する反応であり，縮合反応とはモノマーどうしが結合する際にその一部が H_2O として失われる反応をいう。

　合成高分子材料の種類はきわめて多いが，それを利用形態から分類すると，合成樹脂，合成ゴム，合成繊維の3形態となる。

　合成高分子材料は，鉄，コンクリートなどの構造材料に比べて，多くの特性がある。それらのうちの長所を挙げるとつぎのとおりである。

1) 成形自由で寸法が正確
2) 加工性良好で工場での大量生産が可能
3) 軽量で強靱
4) 耐水性，耐湿性，耐薬品性，耐食性が良好
5) 電気および熱の絶縁性に優れている

6) ゴム弾性や接着性能を有する
7) 着色が自由で透光性を有する
8) 固体から液体まで利用形態が多様
9) 振動や音を吸収し，衝撃を和らげる

一方，合成高分子材料の建設材料としての短所を挙げると，つぎのとおりである。

1) 圧縮強さに比してほかの強さは非常に小さい。ヤング係数が小さく変形が大きい。塑性変形も大きい。
2) 耐熱性，耐候性に問題がある。熱の影響を受けやすく，使用限界温度は熱可塑性樹脂で 60～80 ℃，熱硬化性樹脂で 130～200 ℃である。紫外線によって劣化現象を起こすものがある。
3) 熱による体積変化が大きい。
4) そのほか，耐摩耗性，方向性，帯電性などに問題がある。

3.2 合 成 樹 脂

3.2.1 概　　要

常温領域でゴム弾性（弾性の顕著な高分子物質）を有する**エラストマー**（elastomer）に対して，**可塑性**（外力に対して破壊を起こさず変形する高分子物質）をもつ**プラストマー**（plastomer）が一般に合成樹脂と呼ばれている。合成樹脂の種類は多く，ISO 制定の略号の付されているものでも 41 種類になる。

合成樹脂は熱に対する挙動の違いから，熱可塑性樹脂と熱硬化性樹脂に分類される。

〔**1**〕　**熱可塑性樹脂**（thermoplastic resins）　　その材料を溶融点以上に加熱すると，融解して流動性をもち，常温に冷却すると硬化するもので，その材料の分解温度以下であれば，加熱融解と冷却固化を繰返し行うことができる。おもな熱可塑性樹脂の力学的性質は**表 3.1** のようになる。

表 3.1 熱可塑性樹脂の力学的性質[2]

	引張強さ〔N/mm²〕	伸び〔%〕	弾性係数〔×10³ N/mm²〕	密度〔Mg/m³〕
ポリエチレン				
低密度	8〜21	50〜800	0.1〜0.28	0.92
高密度	21〜38	15〜130	0.4〜1.2	0.96
ポリ塩化ビニル	34〜62	2〜100	2.1〜4.1	1.40
ポリプロピレン	28〜41	10〜700	1.1〜1.5	0.90
ポリスチレン	22〜55	1〜60	2.6〜3.1	1.06
ポリアクリルニトリル	62	3〜4	3.5〜4.0	1.15
ポリメチルメタアクリレート	41〜82	2〜5	2.4〜3.1	1.22
テフロン	14〜48	100〜400	0.41〜0.55	2.17

〔**2**〕 **熱硬化性樹脂**（thermosetting resins） 初期では，加熱することによって流動性をもつようになるが，さらに加熱すると化学反応が進み，架橋結合が生じて分子の構造が網目状に結合された3次元の構造になって硬化するもので，硬化したものは，再び加熱しても熱可塑性樹脂のように軟化することはない。**表 3.2** におもな熱硬化性樹脂の力学的性質を示す。

表 3.2 熱硬化性樹脂の力学的性質[2]

	引張強さ〔N/mm²〕	伸び〔%〕	弾性係数〔×10³ N/mm²〕	密度〔Mg/m³〕
フェノール	34〜 62	0〜2	2.8〜9.0	1.27
ポリエステル	41〜 90	0〜3	2.1〜4.5	1.28
エポキシ	28〜103	0〜6	2.8〜3.4	1.25
ウレタン	34〜 68	3〜6	—	1.30
フラン	21〜 31	0	10.9	1.75
シリコン	21〜 28	0	8.3	1.55

3.2.2 建設材料への応用例

各種合成樹脂の建設材料への応用例を**表 3.3** に示す。

表3.3 各種合成樹脂の建設材料への応用例[3]

種類	用途例	特徴
硬質塩化ビニル管	水道管，送水管，排水管，給水管，ケーブル管，電線管	耐食性大，流れ摩擦が小さいため管内流量大
軟質塩化ビニル製止水板，遮水シート，防砂幕，防水シート	ダム，トンネルなどのコンクリート構造物の伸縮継手および打継目，アース堤防のコア代用品，海岸線護岸の裏込土砂の流失防止フィルム	
軟質ポリエチレン管	寒冷地用給水管	塩化ビニル管より耐寒性大
ポリエチレンフィルム	路盤紙	
硬質ポリエチレン耐摩耗性板	下水道人孔の耐摩耗板	超高分子(分子量300～400万)
液状エポキシ樹脂接着剤	シールドセグメントの接合材，浄水場などのコンクリート槽の防食ライニング，地下鉄工事，下水道工事などの水漏れ対策，新旧コンクリートの打継接着	

3.3 合成ゴム

3.3.1 概要

19世紀に始まった自動車の大量生産化は，ゴムの慢性的不足となり，ドイツ，アメリカが中心になって合成ゴムの研究を開始した。こうして，1930年代に最初の合成ゴム，ポリブタジエン（BR）とポリクロロプレン（CR）が相次いで発明された。

3.3.2 エラストマーの種類と特性

常温でゴム弾性をもつ物質を総称してエラストマーという。図3.1にその種類を示す。

エラストマーは合成ゴム，天然ゴム（NR），再生ゴムからなる。

合成ゴムの特性は，天然ゴム（可硫ゴム）に比して，耐熱性，耐油性，耐候性，耐薬品性に著しく優れていることである。

応力下で合成ゴムは図3.2に示すとおり大きな変形を示す。この変形は応

3.3 合成ゴム

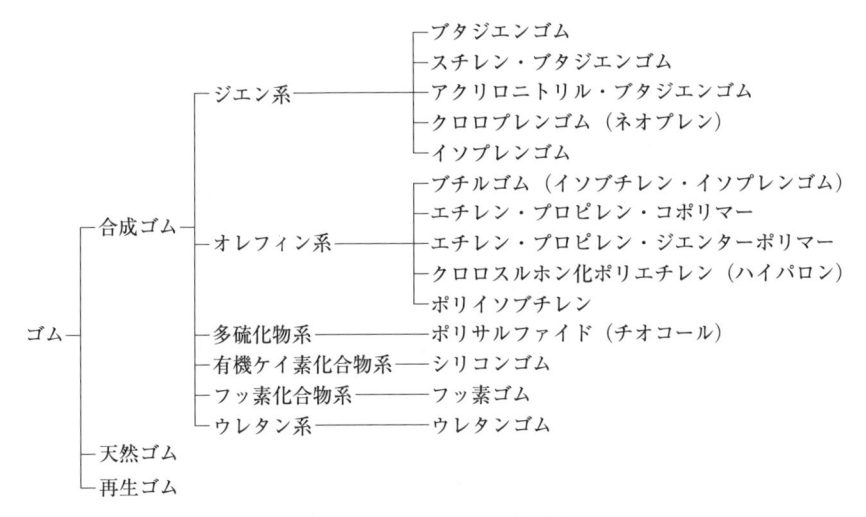

```
ゴム ─┬─ 合成ゴム ─┬─ ジエン系 ─┬─ ブタジエンゴム
      │            │             ├─ スチレン・ブタジエンゴム
      │            │             ├─ アクリロニトリル・ブタジエンゴム
      │            │             ├─ クロロプレンゴム（ネオプレン）
      │            │             └─ イソプレンゴム
      │            ├─ オレフィン系 ─┬─ ブチルゴム（イソブチレン・イソプレンゴム）
      │            │                ├─ エチレン・プロピレン・コポリマー
      │            │                ├─ エチレン・プロピレン・ジエンターポリマー
      │            │                ├─ クロロスルホン化ポリエチレン（ハイパロン）
      │            │                └─ ポリイソブチレン
      │            ├─ 多硫化物系 ──── ポリサルファイド（チオコール）
      │            ├─ 有機ケイ素化合物系 ─── シリコンゴム
      │            ├─ フッ素化合物系 ────── フッ素ゴム
      │            └─ ウレタン系 ────────── ウレタンゴム
      ├─ 天然ゴム
      └─ 再生ゴム
```

図 3.1 エラストマーの種類[3]

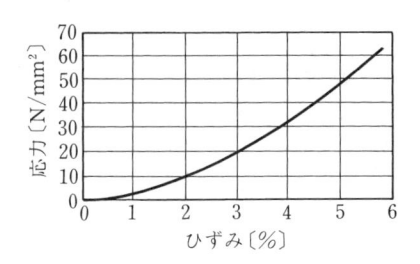

図 3.2 合成ゴムの応力-ひずみ曲線[2]

力の除去とともに完全に回復する。しかし，**応力-ひずみ曲線**は非線形である。低応力レベルにおける弾性係数は比較的低い。これは，合成ゴムの高分子鎖がコイル状であり，低応力範囲においては，コイルがほどけることによって弾性変形が生じるからである。

　しかし，全部のコイルがほどけた後，さらに応力が増大すると，その後の応力は共有結合によって抵抗されるので弾性係数は高分子鎖間の架橋結合および硫黄 (S) の量によって決まる。おもな合成ゴムの力学的性質を**表 3.4** に示す。

3. 高分子材料

表3.4 合成ゴムの力学的性質[2]

	引張強度 $[N/mm^2]$	伸び〔%〕	密度 $[Mg/m^3]$
ポリブタジエン	24	—	0.94
ポリクロロプレン	24	800	1.24
ポリイソプレン	21	800	0.93
ポリブチレン	28	350	0.92
ブタジエンスチレン	4〜21	600〜2000	1.0
ブタジエンアクリルニトリル	5	400	1.0
シリコン	2.4〜7	100〜700	1.5

3.3.3 建設材料への応用例

各種合成ゴムの建設材料への応用例を**表3.5**に示す。

表3.5 各種合成ゴムの建設材料への応用例[3]

用 途	特 徴 な ど
鉄道道床用バラストマット	鋼橋の場合騒音低減対策，RC橋の場合は衝撃吸収
橋梁用伸縮継手	鋼橋，RC橋などの伸縮継手
コンクリート目地シール材	目地に流し込んだ後，硬化させる型の「弾性シーリング」と板状成形物を用いる型の「成形シーリング」がある。また「膨張性シーリング」は下水道管などのシールドセグメントに適用している
SBRラテックス系アスファルト舗装材	アスファルトの安定性，わだち掘れ減少，耐摩耗性，耐久性の向上
ウレタンゴム液状樹脂系塗膜防水材	塗布した後常温で反応硬化する

3.4 合 成 繊 維

3.4.1 概　　要

合成繊維は合成樹脂と同じ材料からできているが，合成樹脂と違って細く，しかも強度が強いという性質をもっている。**ポリアミド繊維**（商品名：ナイロン），**ポリエステル繊維**（商品名：テトロン），**アクリル繊維**および**ポリビニルアルコール繊維**（商品名：ビニロン）が4大合成繊維と呼ばれ，そのほか吸水，吸湿性がまったくないポリプロピレンがある。

最近，建設材料として有望視されているものにアラミド繊維(ケプラー)と炭素繊維(カーボン繊維)がある。アラミド繊維は芳香族であり高い強度と弾性係数をもっている。炭素繊維は PAN 系とピッチ系がある。前者はポリアクリルニトリルより，後者は石炭より製造される。高強度で高弾性係数を示し，1 000 °C 以上の耐熱性をもっている。その糸をクロス，シート，チップあるいはロッドなどに加工している。**表 3.6** に各種繊維の物理的および力学的性質を示す。

表 3.6　各種繊維の物理的および力学的性質[3]

繊維の種類	比重	引張強度 〔kN/mm²〕	弾性係数 〔kN/mm²〕
耐アルカリガラス繊維[Z(ジルコニア)グラス]	2.78	2.45	68.6
ガラス繊維(E-グラス，低アルカリ含有量)	2.54	3.43	72.6
(S-グラス)	2.48	4.51	86.3
アラミド繊維(ケプラー 49)	1.45	2.75	124.5
炭素繊維(PAN 系高強度)	1.77	2.45	255.0
(PAN 系高弾性率)	1.95	1.96	343.2
鋼繊維	7.75	4.12	200.1
超高延伸ポリエチレン繊維	0.96	0.04〜0.05	3.04〜8.53
ポリプロピレン繊維	0.90	40	0.98

3.4.2　建設材料への応用例

各種合成繊維の建設材料への応用例を **表 3.7** に示す。

表 3.7　各種合成繊維の建設材料への応用例[3]

種　類	用途別	特　徴
ポリプロピレン系スパンボンド不織布	盛土の噴泥防止，軟弱地盤中の垂直ドレーン材	引張強度大，透水性に優れ，目詰まりが起こりにくい。
ポリエステル織布製コンクリート打設用型枠(テキスタイルフォーム)	コンクリート用型枠(スチール型枠などの面板に多くの孔を開け，表面に透水性の織布を張り付けた型枠)	織布層を通してコンクリートの余剰水とエアが抜け出すので水密性，耐久性が高くなる。
ナイロン織布製型枠	護岸，切土などの法面保護工	袋状の布製型枠を設置してその中にコンクリートをポンプで圧入して硬化させる工法。高強度，高密度コンクリートが得られる。

3.5 高分子材料を用いた複合材料

3.5.1 概　要

複合材料とは 2 種類以上の素材を組み合わせることによって，もとの素材がもっていないような性質をもたせた材料をいう。複合材料は，粒子分散型および繊維補強型に分類される。粒子分散型は分散材と 12 の粒子をマトリックス中に分散させる方法である。繊維補強型複合材料は，高強度で，剛性の高い繊維を母材（マトリックス）に混入することによって強度，疲労強度，剛性および靱性を改善したものである。

3.5.2 繊維強化プラスチック

高分子材料とガラス繊維，炭素繊維，アラミド繊維などを組み合わせたものである。繊維強化プラスチック（FRP：fiber reinforced plastics）用の樹脂としてはポリエステル樹脂が最も多く用いられ，そのほかにフェノール，尿素，メラミン，エポキシ，シリコン樹脂などの熱硬化性樹脂と，ポリスチレン，塩化ビニル，メタクリル樹脂などの熱可塑性樹脂が用いられている。

代表的なものには熱硬化性樹脂の不飽和ポリエステル樹脂とガラス繊維とを組み合わせた **GRP**（glassfiber reinforced plastics）がある。その特徴はつぎのようである。

1) 軽量で引張強度が大きい。
2) 弾性係数は小さく，たわみが大きい。
3) 耐食性，耐薬品性に優れている。
4) 絶縁性，断熱性に優れ，吸湿性が少ない。

3.6 そのほかの高分子材料

3.6.1 接着剤

建設工事では，鋼，コンクリート，ガラス，木材などの接着に接着剤（adhesive）が幅広く用いられている。接着剤を固化の違いにより分類すると図3.3のとおりである。

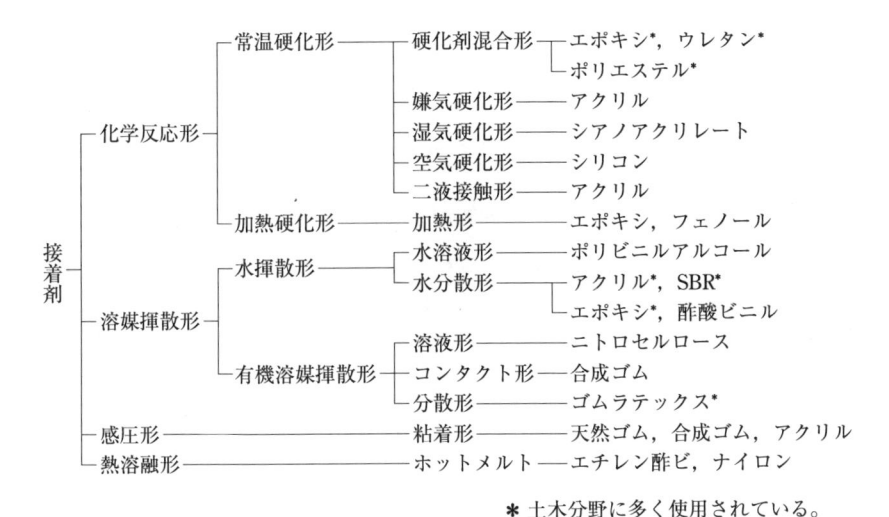

```
                  ┌─常温硬化形──┬─硬化剤混合形─┬─エポキシ*，ウレタン*
                  │             │             └─ポリエステル*
                  │             ├─嫌気硬化形───アクリル
       ┌─化学反応形─┤             ├─湿気硬化形───シアノアクリレート
       │         │             ├─空気硬化形───シリコン
       │         │             └─二液接触形───アクリル
       │         └─加熱硬化形───加熱形───────エポキシ，フェノール
       │         ┌─水揮散形────┬─水溶液形────ポリビニルアルコール
接着剤─┤         │           └─水分散形──┬─アクリル*，SBR*
       │─溶媒揮散形─┤                      └─エポキシ*，酢酸ビニル
       │         │         ┌─溶液形─────ニトロセルロース
       │         └─有機溶媒揮散形─┼─コンタクト形──合成ゴム
       │                   └─分散形─────ゴムラテックス*
       ├─感圧形──────────粘着形──────天然ゴム，合成ゴム，アクリル
       └─熱溶融形─────────ホットメルト──エチレン酢ビ，ナイロン
```

＊土木分野に多く使用されている。

図 3.3 接着剤の固化の違いによる分類

接着剤として求められる性能は
1) 接着剤が薄く，使用量が少量であること
2) 劣化現象が少なく，温度そのほかの気象条件によって接着剤の性質が変化しないこと
3) 硬化速度や粘性などが容易に調整できること
4) 接着剤の膨張収縮が小さく，かつ被接着材と接着剤の物理的・機械的性質があまりかけ離れていないこと

などである。

3.6.2 ひび割れ注入材

ひび割れ注入材は，コンクリート構造物に生じたひび割れの補修に使用される。ひび割れ注入工法は，樹脂系あるいは無機系の材料（図 3.4 参照）を注入してコンクリート内部への空気，水の浸入を遮断し，防水性の確保，耐久性能の低下防止，腐食要因の遮断，耐荷力の回復等を目的とするものである。ひび割れ注入材は，適度な粘性，接着性，ひび割れ追従性等の特性が要求される。

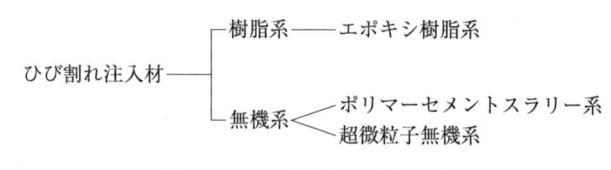

```
                     ┌ 樹脂系 ── エポキシ樹脂系
ひび割れ注入材 ──┤
                     │          ┌ ポリマーセメントスラリー系
                     └ 無機系 ──┤
                                └ 超微粒子無機系
```

図 3.4 ひび割れ注入材の分類

〔1〕 **樹脂系材料**　ひび割れ補修用として用いられるものは，エポキシ樹脂系，ポリエステル樹脂系，ウレタン樹脂系等があるが，ひび割れ注入工法にはエポキシ樹脂系が最も多く用いられている。

〔2〕 **無機系材料**　無機系の注入材には，ポリマーセメントスラリー系と超微粒子無機系がある。ポリマーセメント系注入材は，ポリマーディスパージョン，セメントおよび骨材を配合したものであり，セメントのアルカリによる鉄筋の防錆効果が期待でき，ポリマーを配合することで，付着性，水密性，気密性が向上する利点がある。

3.6.3 プラスチックコンクリート

〔1〕 **レジンコンクリート**　レジンコンクリート（モルタル）(REC: resin concrete (mortar)) は，結合材にポリマーだけを用いて骨材を結合したコンクリートのことで，無機質セメントをまったく使用しないものである。使用する液状レジンや骨材の種類を選択することによって，諸性質の異なるレジンコンクリートをつくることができる。

レジンコンクリート用材料は，不飽和ポリエステル樹脂，エポキシ樹脂，フラン樹脂，ポリウレタン，メタクリル酸メチルなどの液状レジン，炭酸カルシ

3.6 そのほかの高分子材料

ウム，シリカなどの充塡材，川砂利，川砂，砕石，ケイ砂などの骨材である。

レジンモルタルの標準配合は，液状レジン：細骨材 ＝ 1：3〜1：7（重量比），またレジンコンクリートでは，液状レジン：充塡材：骨材 ＝ （10〜12）：（10〜12）：（76〜80）（重量比），である。一般には，セメントコンクリート用の強制練りミキサーを用いて，レジンモルタルやコンクリートを練り混ぜる。

レジンコンクリートをセメントコンクリートの諸性質と比較するとつぎのとおりである。

1) 硬化速度の制御が可能で，可使時間を用途に応じて広範囲に選択できる。
2) 早期に高強度の発現が可能で，寒冷地または冬期の施工に有利であるばかりでなく，高強度が得られるので部材の断面を小さくできる。
3) 高い水密性を有すると同時に，凍結融解に対する抵抗性がきわめて良好である。
4) 液状レジンの種類にもよるが，セメントコンクリート，石材，金属などの各種材料によく接着する。
5) 液状レジンの種類にもよるが，優秀な耐薬品性を有する。
6) 耐摩耗性，耐衝撃性，電気絶縁性なども優れている。

〔2〕 **ポリマーセメントコンクリート** ポリマーセメントコンクリート（モルタル）（PCC：polymer modified concrete (mortar)）は，結合材にセメントとポリマーを用いて骨材を結合したもの，換言すれば，セメントコンクリートにポリマーを混和したものである。この場合，セメントに対して5％以上（重量比）のポリマーが混和される。

わが国でよく使用されるポリマーは，スチレンブタジエンゴム（SBR），ラテックス（latex），エチレン酢酸ビニル（EVA）およびポリアクリル酸エステル（PAE），エマルジョン（emulsion）のような**ディスパージョン**（dispersion）であり，その品質は，JIS A 6203（セメント混和用ポリマーディスパージョン）に規格化されており，その規定値を**表3.8**に示す。

ポリマーセメントモルタルの標準配合は，セメント：細骨材＝1：2〜1：

表 3.8 セメント混和用ポリマーディスパージョンおよび
再乳化形粉末樹脂の品質 （JIS A 6203）[4]

試験の種類	項　目	品　　質
ディスパージョンの試験	外観	粗粒子，異物，凝固物などがないこと
	不揮発分	35.0 % 以上
粉末樹脂の試験	外観	粗粒子，異物，凝固物などがないこと
	揮発分	5.0 % 以下
ポリマーセメントモルタルの試験	曲げ強さ	5.0 N/mm²(51 kgf/cm²) 以上
	圧縮強さ	15.0 N/mm²(153 kgf/cm²) 以上
	接着強さ	1.0 N/mm²(10 kgf/cm²) 以上
	吸水率	15.0 % 以上
	透水量	20 g 以下
	長さ変化率	0～0.150 %

3（重量比），ポリマーセメント比 5～25 %，水セメント比はほぼ 30～60 % の範囲にある。

　ポリマーセメントコンクリートの配合は，セメントコンクリートの場合とほぼ同様に行え，通常ポリマーセメント比は 5～15 % である。ポリマーセメント比とはセメントに対するポリマーディスパージョン中の全固形物の重量比である。

　ポリマーセメントモルタルやコンクリートの練混ぜは，セメントモルタルやコンクリートの場合と同様のミキサーで行える。

　ポリマーセメントコンクリートの諸性質をセメントコンクリートと比較するとつぎのとおりである。

1) ワーカビリティーが良好で，所定のコンシステンシーを得るに要する水セメント比がポリマーセメント比の増加に伴い低減できる。
2) 適度の空気連行性がある。
3) 保水性が向上する。
4) ブリーディングや材料分離に対する抵抗性が優れている。
5) 長期の水中養生を行わなくとも，強度発現が優れ，特に，引張り，曲げ強度が大きく，また伸び能力も大きい。

6) 吸水および透水に対する抵抗性と，凍結融解抵抗性が向上する。また，中性化に対する抵抗性も優れている。
7) セメントコンクリート，石材，鋼材，タイルなどの各種材料によく接着する。
8) 減水効果，長期間にわたる良好な保水性と強度増進などの複合効果として，乾燥収縮やクリープが低減される場合が多い。
9) 耐衝撃性および耐摩耗性が優れている。
10) 形成される水密性組織のため，弱酸，アルカリ，塩類，ポリマーの種類を選べば，油類に対する化学抵抗性が改善される。

〔3〕 **ポリマー含浸コンクリート**　ポリマー含浸コンクリート（モルタル）(PIC：polymer impregnated concrete (mortar))は，硬化セメントコンクリート（モルタル）のような多孔質無機材料を基材（被含浸材）として用い，この中にモノマー，プレポリマー，ポリマーなどを含浸させたのち，重合などの操作を経て，基材とポリマーを一体化させたものである。使用する含浸材はほとんどがメタクリル酸メチル，スチレンなどのビニル系モノマーである。

ポリマー含浸コンクリートの製造法には，プレキャスト製品としての工場生産方式と現場ポリマー含浸工法としての現場施工方式がある。

建設コンクリートの乾燥度が，施工後のコンクリート（ポリマー含浸コンクリート）の性質に大きな影響を与えるので，乾燥を十分に行う必要がある。通常のポリマー含浸深さは 20～30 mm 程度である。

ポリマー含浸コンクリートの諸性質をセメントコンクリートおよびレジンコンクリートと比較すると以下のとおりである。
1) レジンコンクリートと同程度か，それ以上の高強度を発現する。
2) 高度の水密性が付与されると同時に凍結融解抵抗性も向上する。
3) 耐薬品性が向上する。
4) 耐摩耗性および耐衝撃性が優れている。

現場ポリマー含浸工法は，コンクリート（モルタル）の表面の強度や硬さ，水密性，耐薬品性，耐摩耗性などの向上をはかる目的で利用される。高速道路

や橋梁の舗装，ダムの余水路などの履工や補修，海岸域のコンクリート構造物の塩害防止などの用途開発が有望視される。

演習問題

【1】 熱可塑性樹脂と熱硬化性樹脂の特徴について述べよ。

【2】 合成高分子材料の長所と短所を述べよ。

【3】 FRPについて述べよ。

【4】 プラスチックコンクリートについて述べよ。

【5】 高分子材料はどのようなところで建設材料として用いられているかを述べよ。

【6】 合成ゴムをつくる際に添加材料として加えられる可硫剤および可塑剤の役目について述べよ。

4

アスファルト

　アスファルトとは石油を構成する成分のうち，軽質の部分が人為的に，あるいは自然の力により蒸発し，残留した黒色または黒褐色の半個体のにかわ状物質で，加熱した場合に徐々に液化する物質である。アメリカ，オランダ，日本では**アスファルト**（asphalt）と呼ぶが，イギリス，ドイツでは**ビチューメン**（bitumen）と呼ぶ。

4.1 製 造 方 法

4.1.1 アスファルトの分類

　地球上に自然の力により産出したアスファルトを**天然アスファルト**といい，紀元前 3800 年頃には，すでにアスファルトのもつ高度の接着性，可塑性，耐水性，化学的安定性等の特性が利用され，使用されてきたものであり，古い歴史をもつ。

　天然に産する原油から人為的に造られたアスファルトを**石油アスファルト**といい，歴史は新しい。1880 年頃，原油蒸留の際のかま残油が，天然アスファルトに代用できることが認められ舗装に利用されてきた。

　今日において石油アスファルトは，天然のものに比較して不純物も少なく，また使用目的により，適宜その性質も調節できる特長があり，その用途も増大している。わが国では天然アスファルトは産出しないので，アスファルトといえば石油アスファルトを指す。

　アスファルトは天然アスファルトと石油アスファルトに大別され，図 *4.1* のように分類できる。

```
アスファルト ─┬─ 天然アスファルト ─┬─ レーキアスファルト (lake asphalt)
              │                    ├─ ロックアスファルト (rock asphalt)
              │                    └─ サンドアスファルト (sand asphalt)
              └─ 石油アスファルト ─┬─ ストレートアスファルト
                                   └─ ブローンアスファルト
```

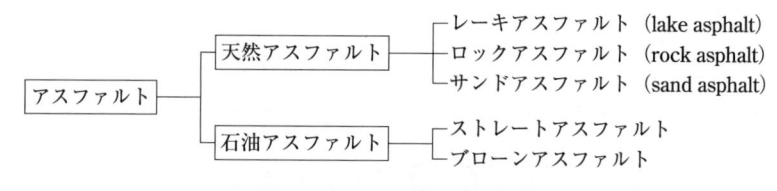

図 *4.1* アスファルトの分類

4.1.2 原　　　油

原油は産地によって化学成分および物理的性状が違う。軽質分（ガソリン，ナフサ，灯油，軽油）の多い原油を軽質原油といい，アスファルトのような重質分の多い原油を**重質原油**という。また原油を構成する物質は，おもにパラフィン系炭化水素とナフテン系炭化水素である。これにより分類するとパラフィン基原油（ペンシルバニア，スマトラ，中東産），ナフテン基原油（カリフォルニア，テキサス，メキシコ，ベネズエラ産），混合基原油（中東産），特殊原油（台湾，ボルネオ産）の4種類に分けられる。

4.1.3 ストレートアスファルト

アスファルトは原油から各種石油製品を精製する過程において生産されるものであり，その工程を図 *4.2* に示す。

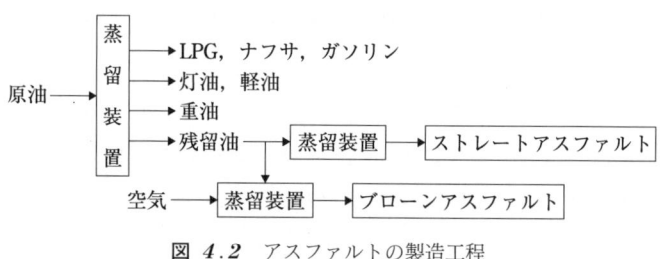

```
原油 → 蒸留装置 ─┬→ LPG, ナフサ, ガソリン
                  ├→ 灯油, 軽油
                  ├→ 重油
                  └→ 残留油 → 蒸留装置 → ストレートアスファルト
         空気 ──────────────→ 蒸留装置 → ブローンアスファルト
```

図 *4.2* アスファルトの製造工程

わが国における石油の精製法は一般に蒸留法が用いられ，その精製工程をみると，原油を常圧蒸留装置にかけて沸点の低い留分すなわち，LPG，ナフサ，灯油，軽油等の各留出留分に分けた後，沸点の高い常圧重質油が底部に残る。これをさらに加熱器にかけて減圧蒸留装置（圧力 10〜18 mmHg）に送り込み

蒸留すると，さらに沸点の比較的低い潤滑油，重油が取り出され，最後に沸点の高い減圧重質油が底部に残る．これがストレートアスファルトである．

ストレートアスファルトはブローンアスファルトに比べて感温性が大きく，伸長性，粘着性，防水性に富む．目地材等，特殊目的用を除いては，ほとんどの結合材にそのままあるいは加工品として用いられる．

4.1.4 ブローンアスファルト

ブローンアスファルトはストレートアスファルトにある特定の条件で空気を吹き込んで化学的に重質分の分子構造を変えたものである．製造方法には，バッチ方式と連続方式の二つの方式がある．

ブローンアスファルトは，原料となるストレートアスファルトを適度な温度（230〜280℃）に加熱し，一定量の空気（$0.5〜2.0\,\mathrm{m^3/min\cdot ton}$）を吹き込み，ブローイング反応を行わせて製造する．

ブローイング反応とは，吹き込んだ空気中の酸素と高温に加熱されたアスファルト組成分と酸化重合などの化学反応を起こさせ，アスファルトを構造的にゲル化させる反応のことである．

その性状は，ブローイングの条件，すなわち温度や空気の吹き込み速さ，時間など製造条件によって異なる．ブローンアスファルトはストレートアスファルトに比べ，一般に針入度は小さく，軟化点は高い．常温では固体で高粘度かつ高弾力性を有するので，コンクリート舗装の目地材，鋼管のコーティング等，防水材や封かん材に用いる．

4.1.5 アスファルト乳剤

アスファルト乳剤は原料のストレートアスファルトと乳化液を適当な温度に加熱したのち，それぞれ所定の流量を同時に乳化機へ送り込み，高速回転のロータによりアスファルトをできるだけ微細な粒子として乳化液中に分散乳化させて製造する．その方法を**図 4.3** に示す．

乳化後は，安定性とアスファルトの分散性をはかるため，いったん貯蔵タン

```
┌─────────────┐              ┌─────────────┐
│   乳 化 液   │←─安定剤      │   溶 融     │
│   約60℃     │              │ アスファルト │
│             │              │  約150℃    │
└──────┬──────┘              └──────┬──────┘
       │                            │
       ↓                            ↓
          ╭─────╮    ホモジナイザーまたは
          │ 分 散│    コロイドミルで分散
          ╰──┬──╯
             │ 冷却
             ↓
      ┌─────────────────┐
      │ アスファルト乳剤 │
      │ アスファルト含有量│
      │  (通常55～56％) │
      └─────────────────┘
```

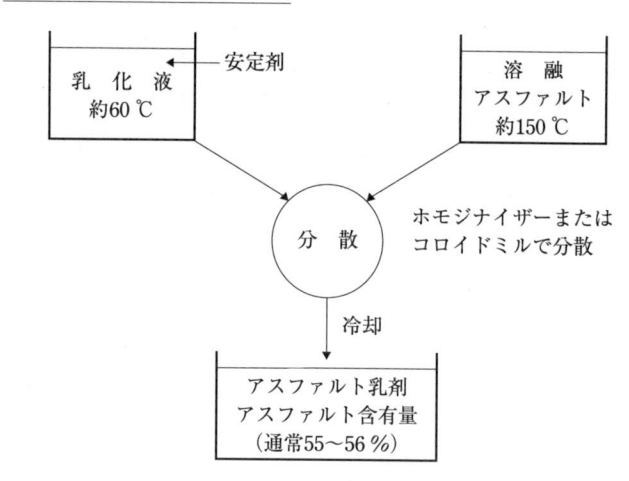

図 **4.3** アスファルト乳剤製造方法

クに入れてさらに十分かくはんしたのち 24 時間以上放置する。原料のアスファルトは乳剤の使用条件にあわせて適当な針入度（150～300℃）のものが使用されている。

　アスファルト乳剤は，骨材の上に散布したり，骨材を混合されたりすると，分解を起こして水とアスファルトに分離し，水分は徐々に蒸発し骨材の表面にアスファルトの被膜が残り，接着効果を示す。アスファルト乳剤が分解を起こす原因はつぎのことが挙げられる。

1) 水の蒸発による分解で水が蒸発しアスファルトとしての性能を発揮する。
2) 乳剤と骨材との接触による分解で，骨材の組織が多孔質のとき，表面が粗のとき早く起きる。
3) 乳剤と骨材の電気的作用による分解で，骨材が（－）に帯電している場合に乳剤中のアスファルト粒子は，カチオン系のものは（＋）に帯電しているので，電気的結合を作り出す。
4) 乳剤と骨材の化学作用による分解で，乳剤中の特殊な成分，その他によって起こる一種の化学的ないし電気的変化によるものである。

　なお，乳剤は使用する乳化剤の種類によってカチオン系のものとアニオン系のものとに分けられる。

カチオン系とアニオン系乳剤は，アスファルト粒子の表面の電荷によって異なるが，現在多く使用されているのはカチオン系のもので，水中にアスファルト粒子を分散させた水中油滴形のものである。

4.1.6 カットバックアスファルト

カットバックアスファルトはアスファルトに揮発性の石油留分を混合して液状にしたものである。製造方法には，バッチ方式と連続方式の二つの方式があるが，多くのものはバッチ方式によって製造されている。

カットバックアスファルトは適度に加温したストレートアスファルト（針入度 60〜200 °C）と適量の溶剤を加えて機械的にかき混ぜて十分均一な状態になったとき製品として取り出す。使用する溶剤の大部分は石油留出時の留出温度範囲（100〜360 °C）の留出油が用いられる。各留出油と留出温度（沸点）範囲のおよその値を**表 4.1** に示す。

溶液の使用量はカットバックアスファルトの性質によって異なるが，一般にカットバックアスファルト中に重量比で 10〜40 % の範囲で加えられている。

表 4.1 各留出油の沸点

各 留 分	留出温度(沸点)範囲
ガソリン	35〜180 °C
灯 油	170〜250 °C
軽 油	240〜350 °C
残 留 油	350 °C 以上

4.2 アスファルトの諸性質

アスファルトは常温で個体または半個体状であるが，加熱すると軟らかくなる性質をもつ。温度変化に伴い粘度が広い範囲で変化し高温になるにつれ，徐々に粘性は低下し，比較的低い圧力でも噴霧できるようになる。また常温では固体または半固体状の弾性を帯びた物質となり，さらに低い温度になると固く，もろい物質へと変化する性質をもっている。

このような性質をもつところからアスファルトは粘弾性体として取り扱われる。ここでは，主としてストレートアスファルトの諸性質について述べる。

4.2.1 アスファルトの化学的性質

〔1〕 **アスファルトの組成分**　アスファルトを構成する元素のほとんどは，炭素と水素からできており，それらの元素が炭化水素およびその誘導体を構成していろいろな化合物が複雑に混じり合ってできているといわれている。

アスファルトの組成分は，図 4.4 に示すようにアスファルテン，レジン，オイル，カーベン，カーボイドなどから構成されているが，普通のアスファルトには一般に後者の2成分はほとんど含まれていない。

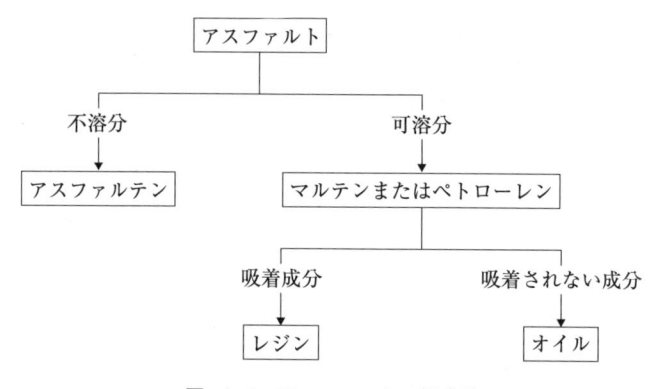

```
              アスファルト
           ┌──────┴──────┐
         不溶分         可溶分
           │              │
       アスファルテン   マルテンまたはペトローレン
                      ┌──────┴──────┐
                    吸着成分      吸着されない成分
                      │              │
                    レジン          オイル
```

図 4.4　アスファルトの組成分

これらの成分の中でアスファルトの性質を支配するおもなものとしてアスファルテンの含有量があげられる。アスファルテンの含有量は一般の道路用アスファルトで 10〜13 % 程度，防水工事用ブローンアスファルトで約 30 % 程度といわれている。

4.2.2　アスファルトの物理的性質

ストレートアスファルトとブローンアスファルトの性質上のおもな相違点を表 4.2 に示す。

表 4.2　ストレートアスファルトとブローンアスファルトの性質の比較

	ストレートアスファルト	ブローンアスファルト
比　　　重	1.01〜1.04	1.02〜1.05
軟 化 点	35〜60 ℃	70〜130 ℃
伸　　　度	大きい (25 ℃で 100 以上)	小さい (25 ℃で 10 以下)
PI[1]	−1〜+1	+1 以上
接 着 力	非常に大きい	小さい
乳 化 性	よ　い	わるい

1) 針入度指数(penetration index)。次式から求まる。
$$\frac{\log 800 - \log P}{T - 25} = \frac{20 - \mathrm{PI}}{10 + \mathrm{PI}} \times \frac{1}{50}$$
(P：針入度，T：軟化点)

〔西林新蔵 編著：改訂新版 土木材料，p.179, 朝倉書店(1997)より〕

〔1〕　比　　　重 (specific gravity)　　一般にアスファルトの比重は 25 ℃において 1.01〜1.04 の範囲にあり，アスファルテンの含有量が多いほど，また針入度の値が小さいほど比重は大きくなる。

〔2〕　針　入　度 (penetration)　　針入度試験 (JIS K 2530) は，アスファルトの性状を知るために軟化点試験と並んで最も代表的なものである。試験方法は一定重量の錘付き針を自重で一定時間アスファルト試料に貫入させ，その貫入深さを測定するものである。貫入深さは 1/10 mm 単位で表される。

標準的な試験条件としては，荷重 100 g（針を含む全重量），温度 25 ℃，貫入時間 5 秒が規定されている。この試験は常温（25 ℃）条件におけるアスファルトの硬さを一定の条件下で貫入する針の抵抗値で示したものである。

〔3〕**軟 化 点**（softening point）　**軟化点試験**（JIS K 2531）は，金属環（リング）にアスファルトを詰め，その上に重さ 3.5 g の金属球を乗せ，水中において毎分 5 °C の割合で加熱すると，アスファルトが軟化し，25.4 mm 離れた底面上に球が落下したときの温度をそのアスファルトの軟化点としている。軟化点は針入度と密接な関係があり，針入度の大きい軟らかいアスファルトほど軟化点も低くなる。通常，舗装用アスファルトの軟化点は 40〜55 °C の範囲にあり，その値は，原油の種類や製造方法などにより変動する。

また，針入度試験と軟化点試験の結果から，そのアスファルトの感温性を知ることができる。それを評価するインデックス（指数）として**針入度指数**（PI）が用いられる。この指数は軟化点と 25 °C における針入度値の変化率（勾配）を用いた実験式より簡単に求められる。

一般に使用されているアスファルトの場合，PI 値の範囲はストレートアスファルトで $-1 \sim +1$，ブローンアスファルトで $+1$ 以上といった値が目安となる。

〔4〕**伸　　度**（ductility）　アスファルトの伸びは，一般に凝集力，付着力，たわみ性などと関連があるといわれている。**伸度試験**（JIS K 2532）は，アスファルトを一定形の型枠に詰めた供試体を，一定温度の水中で定速度で引き伸ばして，ひも状に伸びた試料が切断するまでの長さ〔cm〕で表したものである。

試験温度は一般に 25 °C，15 °C または 10 °C で規定されているが，舗装用ストレートアスファルトの場合には一般に 15 °C で，防水用アスファルトなどブローンアスファルトの場合には 25 °C の条件で試験される。

〔5〕**熱膨張係数，比熱，熱伝導度**　アスファルトは加熱することによって粘度を調整しながら種々の用途に使用されることが多いので，その熱的性質を知ることが重要である。また，アスファルトの熱的諸性質は，加熱および冷却時における容積変化，アスファルトの製造および保存，輸送などにおいて重要な意味をもっている。通常アスファルトの熱膨張係数，比熱，および熱伝導度は，それぞれ $5.9 \times 10^{-4}/°C$，$1.7 \sim 2.5 \, J/g \cdot °C$，$0.50 \sim 0.63 \, KJ/m \cdot °C \cdot h$ で

ある。

〔6〕**粘　　度**（viscosity）　高温においてアスファルトと骨材を混合する際の作業性を支配するのは，アスファルトの粘度である。アスファルトの粘度は温度変化に対して非常に敏感である。アスファルトの粘度を測定する**粘度計**（viscometer）としては，流出形（エングラー，レッドウッド，セイボルト），毛細管法（キャノンフェンスケ逆流形，オストワルド），回転粘度計，平行板法，円錐平板法，薄膜法がある。

〔7〕**引　火　点**（flash point）　**引火点試験**（JIS K 2274）はアスファルトを加熱したとき発生する油蒸気に引火する温度を測定し，引火に対する安全性を確認する目的で行われる。アスファルトを加熱し裸火を近づけた瞬間に引火するときの試料温度を引火点といい，原油の温度，製造方法，針入度によって異なるが，だいたい 250～320 °C の範囲にある。さらに加熱を続け，引火した炎が 5 秒間以上燃え続けるときの最低温度を燃焼点という。燃焼点は引火点より 25～60 °C 程度高い。

〔8〕**蒸　発　量**（loss on heating）　アスファルトは，製造されてから使用されるまで加熱し，溶融される機会が多く，そのような状態に長時間保たれると，揮発分が蒸発したり，空気中の酸素の影響を受けることがある。その結果，アスファルトの重量や硬さにいくぶんの変化が現れるが，これらの変化の著しいアスファルトは舗装にとって好ましくないので，あらかじめその程度を知っておく必要がある。試験は JIS K 2533 に準じて行う。

4.3　アスファルト混合物の種類

4.3.1　概　　要

骨材とアスファルトを混合し一体化したものを**アスファルト混合物**という（表 4.3）。また，加熱したストレートアスファルトを用いたものを加熱アスファルト混合物，カットバックアスファルトやアスファルト乳剤のように常温で液体のアスファルトを用いたものを**常温アスファルト混合物**という。

表4.3 マーシャル安定度試験に対する基準値(舗装施工便覧)

混合物の種類		粗粒度アスファルト混合物	密粒度アスファルト混合物	細粒度アスファルト混合物	密粒度ギャップアスファルト混合物	密粒度アスファルト混合物	細粒度アスファルト混合物	密粒度ギャップアスファルト混合物	密粒度アスファルト混合物	開粒度アスファルト混合物
突固め回数	$1000≦T^*$	75	75	75	75	50	50	50	50	75
	$T<1000$	50	50	50	50					50
空隙率 〔％〕		3～7	3～6	3～7	3～5			2～5	3～5	—
飽和度 〔％〕		65～85	70～85	65～85	75～85			75～90	75～85	—
安定度 〔kN〕		4.90以上	4.90(7.35)以上	4.90以上	4.90以上			3.43以上	4.90以上	3.43以上
フロー値〔1/100cm〕		20～40	20～40	20～40	20～40			20～80	20～40	20～40

＊ T：舗装計画交通量(台/日・方向)

〔日本道路協会：舗装施工便覧, p.94(2001)より〕

加熱アスファルト混合物は，粗骨材，細骨材，フィラーによる連続粒度配合の骨材を用いたものを**アスファルトコンクリート**（asphalt concrete），高温時のアスファルト混合物の流動性を利用して流し込み，ローラ転圧を行わない**グースアスファルト**（guss asphalt），現場付近の低品質骨材（切込砂利や山砂）に3～6％程度のアスファルトを混ぜて路盤等に用いるアスファルト安定処理混合物からなる。

水の浸食作用防止を主目的として施工される堤防などのアスファルト製護岸舗装を**アスファルトリベットメント**（revetment），漏水を防ぐため水路や貯水池の表面に施工されるアスファルト製表面保護層を**アスファルトライニング**（lining），漏水を防ぎ水圧に抵抗するように設計された耐久的で厚いフィルダムのアスファルト製保護層を**アスファルトフェーシング**（facing）という。

4.3.2 性　　　質

混合，運搬されたアスファルト混合物は，敷ならし，締固め，あるいは流込みによって施工される際良好な作業性を有する必要がある。施工されたアスファルト混合物に要求される性質はつぎのとおりである。

1) アスファルトコンクリートは高温時交通荷重その他によって有害な流動変形を生じないよう，また水利アスファルト工のような急勾配の斜面舗装の場合は有害な**勾配垂下がり**（slope flow）を生じないよう十分な**安定性**

(stability) を有しなければならない。

2) アスファルトコンクリートは交通荷重, 波浪等の繰返し作用, 過大でない地盤沈下等のため曲げ破壊を生じないよう十分な**たわみ性** (flexibility) を有しなければならない。

3) アスファルトコンクリートは交通荷重, 砂を含む波浪, 流水等に対する十分な耐摩耗性（すりへり抵抗）を有しなければならない。

4) 水が浸入してアスファルトと骨材が分離したり, 水路, 貯水池, ダム等で漏水が起ったりすることのないよう所要の水密性を有しなければならない。

5) アスファルトコンクリートは紫外線, 空気中の酸素等によって劣化し, 有害なたわみ性低下（脆化）を生じないよう十分な耐候性を有しなければならない。

6) アスファルトはアルカリ, 塩類, 非酸化性の酸等に対しては 60 °C 程度まで耐えるが, 硝酸, 濃硫酸, クロム酸, ハロゲン等には弱い。酸性の水に接触する場合には十分な耐薬品（抵抗）性を有することを確かめておく必要がある。

7) アスファルト舗装においては, 特に路面が濡れた場合, 十分な**すべり抵抗性** (skid resistance) を有しなければならない。

演 習 問 題

【1】 アスファルトの種類を挙げよ。

【2】 ストレートアスファルトとブローンアスファルトの性質を比較せよ。

【3】 アスファルト乳剤の分解について述べよ。

【4】 カットバックアスファルトを説明せよ。

5

複 合 材 料

　複数の材料を組み合わせて製造される材料のことを**複合材料**（composite materials）と呼んでいる。材料を複合することで期待されるのは，強度，耐久性などの力学的性質の強化のほか電気的，光学的な性質の改善など目的によってあらゆる分野に広がっている。二つ以上の材料を組み合わせることは古くから行われていた。竹や藁と粘土との組み合わせによる土壁はその好例といえよう。近代技術による例としては，コンクリート，アスファルト，合板，強化プラスチックなど種類は非常に多い。各材料の特色を生かすことで，材料単体で用いるよりも有利な性質を有する材料の開発が可能となり，将来における材料開発のトップランナーといえる。

5.1　複合材料の性質

　複合材料は，ある材料を母材に分散させて開発されてきた。複合材料は，**図5.1**に示すように分散される相の形態によって大きく図(a)の粒子分散形，図(b)の繊維強化形の二つに分類される。建設材料の代表例を一つずつ示すと，図(a)についてはコンクリートが挙げられる。図(b)については**繊維強化プラスチック**（FRP：fiber reinforced plastics）がある。これらの性質は，各性質の複合則を利用することが行われている。

　複合材料の性質には，力学的特性，電気・磁気特性，熱的特性，光学的特性がある。2種類以上の材料を組み合わせることで生じる複合効果についての複合則が明らかになっておれば，目的とする性質に最適な組み合わせの目安ができるわけであるが，現在のところすべての物性について明らかにされているわ

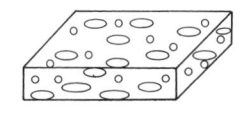

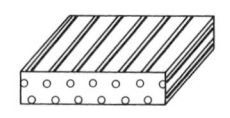

(a) 粒子分散形　　　(b) 繊維強化形の一例
　　　　　　　　　　　（連続繊維一方向）

図 *5.1*　複合材料の形態

けではない。密度，弾性率，比熱，誘電率などについては比較的複合則が成り立ちやすい。

いま，密度を ρ，体積率を V，添字 A，B，C をそれぞれ素材 A，B，および複合材料を C とすると

$$\rho_C = \rho_A V_A + \rho_B V_B \tag{5.1}$$

になる。また，弾性率 E は並列結合モデルでは

$$E_C = \frac{V_A \sigma_A + V_B \sigma_B}{\varepsilon} = E_A V_A + E_B V_B \tag{5.2}$$

ここで，σ は応力，ε はひずみである。
直列結合モデルでは

$$E_C = \frac{\sigma}{\varepsilon_A V_A + \varepsilon_B V_B}$$

$$\therefore \frac{1}{E_C} = \frac{V_A}{E_A} + \frac{V_B}{E_B} \tag{5.3}$$

になる。これを一般化すると

$$E^n = V_A E_A{}^n + V_B E_B{}^n \tag{5.4}$$

になる。並列結合であれば $n=1$，直列結合であれば $n=-1$ である。誘電率はこの間の値をとることが知られている。n は複合特性のパラメータである。

繊維強化形の場合には繊維の方向性，短繊維，連続繊維などによって特性が変化することに注意を払う必要がある。

複合材料の中でも，比強度（引張強度／密度）が 4×10^4 m，比弾性率（弾性率／密度）が 4×10^6 m を超すものは先進複合材料と呼ばれている。

5.2　複合材料の建設材料への適用

　粒子分散形複合材料にはセメントペースト中に骨材を分散させたコンクリート，アスファルトに骨材を分散させたアスファルトコンクリート，高分子材料に骨材を分散させたレジンコンクリートなどがある（3.6節参照）。繊維強化形には熱硬化形プラスチックに各種の繊維を分散させた繊維強化プラスチックや繊維補強コンクリート（詳細は8.6.11項参照）がある。

　複合により二つ以上の優れた性質が得られる場合を**組合せ複合**というが，例えば光学的物性と力学的物性の組合せとしてガラス繊維／ポリエステル樹脂は優れた光透過性と十分な比強度を兼ね備えており建設構造材料としての要素をもっている。

演 習 問 題

【1】　複合材料の特徴を述べよ。

【2】　建設材料に使用されている複合材料を挙げよ。

【3】　材料 A を 60 %，材料 B を 40 % 混合した複合材料がある。それぞれのヤング係数を，$E_A = 40\,\text{kN/mm}^2$，$E_B = 10\,\text{kN/mm}^2$，密度を $\rho_A = 2.3\,\text{g/cm}^3$，$\rho_B = 1.3\,\text{g/cm}^3$，として密度およびヤング係数を計算せよ。ただし，ヤング係数は並列モデルで考えなさい。

【4】　【3】の問題を直列モデルで考えるとヤング係数はいくらになるか計算せよ。

【5】　繊維補強形ではどのような点に注意を払うべきか答えよ。

6

金 属 材 料

　金属からできている製品には，橋梁，建築物，鉄道，船舶，自動車，土木・建築用機械などから各種家庭電化製品まで多種多様なものがある。金属材料を加工し，利用することで社会は発展してきた。金属材料の利用は，錫，亜鉛，銅から始まり，長い年月を経て鉄，アルミニウム，チタンの利用へと変わってきている。

6.1 概　　　要

金属材料は**鉄金属**（ferrous metal）と**非鉄金属**（non ferrous metal）に大別され建設用材料としては**鋼材**（steel）が最も多く使用されている（図 *6.1*）。

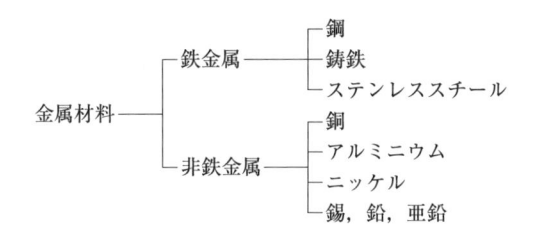

```
                    ┌─ 鋼
          ┌─ 鉄金属 ─┼─ 鋳鉄
          │         └─ ステンレススチール
金属材料 ─┤
          │         ┌─ 銅
          │         ├─ アルミニウム
          └─ 非鉄金属┼─ ニッケル
                    └─ 錫，鉛，亜鉛
```

図 *6.1*　金属材料

6.2 鉄　金　属

　構造用材料として使用される鉄鋼材料は鉄（Fe）と炭素（C）の合金であり，含有炭素の量によって分類される。Cが約 0.02 % 以下のものを鉄（工業

用純鉄），Cが約 0.02～2.1％のものを鋼，Cが約 2.1～4.00％のものを鋳鉄と呼んでいる。

建設用構造物に使用される鉄材は，炭素量 0.25％程度以下であり，構造用鋼材として広く使われている。

6.2.1 鋼材の製造方法

〔1〕 概　　説　　鉄鋼材料は銑鉄（pig iron）からつくられる。原材料である鉄鉱石から鋼材を得るまでには，銑鉄をつくる工程（製銑），銑鉄から鋼をつくる工程（製鋼），鋼の塊から鋼製品をつくる工程（成形・圧延）を経て種々の形状の鋼材ができる。

加工性の改善や残留応力の除去などを目的として，必要に応じて熱処理も行われる。

〔2〕 銑鉄の製造（製銑）　　銑鉄の原料は赤鉄鉱（Fe_2O_3），褐鉄鉱（$2Fe_2O_3 \cdot 3H_2O$），磁鉄鉱（Fe_3O_4），菱鉄鉱（$FeCO_3$）等の酸化鉄からなる鉄鉱石である。

また，溶解のための熱源であり，還元剤であるコークス，溶剤の石灰石も用いられる。銑鉄は図 6.2 に示すような高炉（溶鉱炉）の頂部から，鉄鉱石，コークス，石灰石を入れ，下方の羽口から熱風を吹き込んで，コークスを燃焼させる。コークスが酸素と反応して，二酸化炭素（CO_2）と一酸化炭素（CO）を発生する。鉄鉱石は上昇していく CO ガスやコークスの炭素と反応して還元，溶解される。高炉の下方に溶融の銑鉄（溶銑）ができ，銑鉄の上層には密度の小さいスラグや不純物が浮上する。原料の不純物は石灰石と化合して高炉スラグとなり，急冷したり徐冷して，セメント材料やコンクリート用骨材として利用される。

〔3〕 鋼の製造（製鋼）　　鋼の製造は溶融状態の銑鉄を精錬するもので，炭素の含有量を下げて不純物を除去し，延性を付加する工程である。製鋼用の炉は転炉，電気炉，平炉の 3 種類であるが，転炉が主として用いられている。転炉は図 6.3 に示すような，とっくり形の炉であり，溶融した銑鉄を転炉に

図 6.2　溶鉱炉

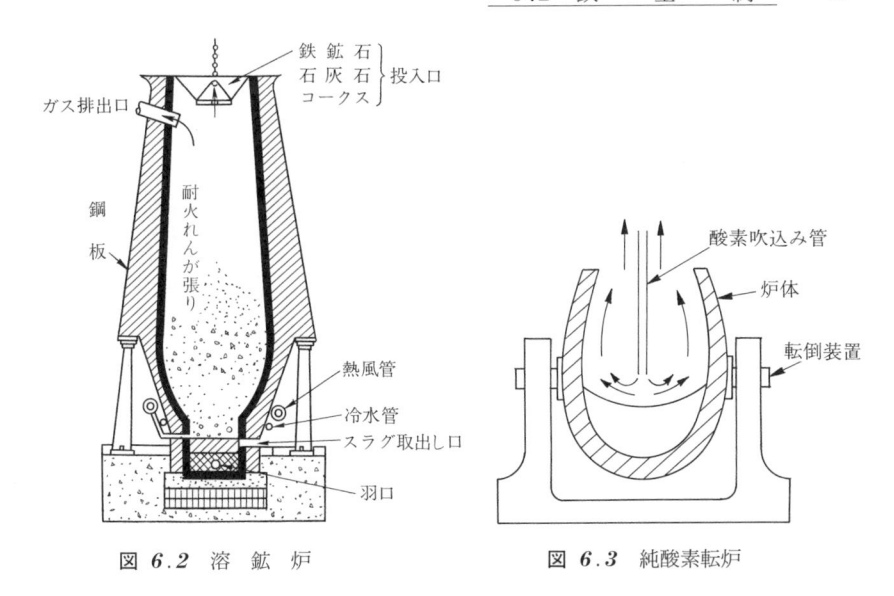

図 6.3　純酸素転炉

入れ，これに高圧の酸素を吹き込むことにより銑鉄中の炭素 (C), ケイ素 (Si), リン (P), 硫黄 (S) 等は燃焼して酸化し，不純物は減少し，品質のよい鋼が得られる。

電気炉は，電力によって高温を発生させ，鉄屑などを溶融して精錬するものであり，高純度のスクラップを用いると，純度の高い溶鋼となるから，特殊鋼，合金鋼，鋳鋼の製造に適している。

平炉は固定式の炉であり，銑鉄のほか，鉄屑（スクラップ），石灰石などを加え，燃料ガスと空気を予熱混合して吹き込み，炭素や不純物を酸化除去する方法である。

〔4〕 **鋼製品の製造（成形・圧延）**　溶融した鋼には酸素が多く含まれているので，フエロシリコン，アルミニウムなどの脱酸剤を加えて酸素を取り除く脱酸が行われる。完全に脱酸した高級鋼は**キルド鋼**（killed steel）といい，脱酸が十分でないものを**リムド鋼**（rimmed steel）という。この中間に**セミキルド鋼**（semikilled steel）があり，一般構造用鋼材のほか，造船用厚板，鋼矢板などに用いられる。

溶鋼の大部分は鋳型に注入されて鋼塊がつくられ，**鍛造**（forging），**圧延**（rolling），**引抜き**（drawing），**押出し**（extrusion）などの方法で各種鋼材となる。建設用鋼材はほとんど熱間圧延でつくられるものが多い。

圧延は鋼の延性，展性および熱的性質を利用し，**図6.4**に示すような回転するロールの間に鋼片をかみ込ませて，徐々に引き延ばしながら材質を向上させるもので，断面の縮小と長さの増大をはかりながら，所要の断面をもつ鋼材を製造する（成形）工程である。**図6.5**に製造工程図を示す。

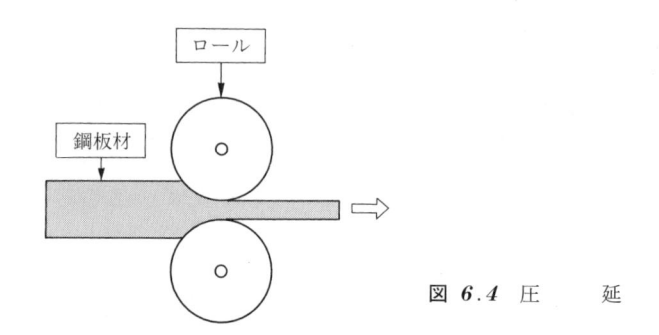

図6.4　圧　　　延

〔5〕**熱　処　理**　　熱処理（heat treatment）は成形された鋼材の加工性の改善，残留応力の除去，強度や粘り強さの向上などを目的とするもので，焼なまし，焼ならし，焼入れ，焼戻しなどがある。熱処理の温度と時間との概念図を図**6.6**に示す。

（**1**）**焼なまし**（annealing）　　鋼材を加熱し，炉中や灰の中で徐冷すると，組織が粗大になり，鋼材の弾性限度や強度は低下して伸びは増加する。これを軟化という。加熱温度により，鋼の性質はあまり変化せず，残留応力が除かれることから，塑性加工性や被削性の改善を目的に行われる。

（**2**）**焼ならし**（normalizing）　　鋼材を加熱し，空冷すると鋼の組織が微鋼，均質化して鋼中のひずみが除去されるので，機械的性質の改善を目的に行われる。

（**3**）**焼入れ**（quench hardening）　　鋼材をオーステナイト状態まで

6.2 鉄　金　属　43

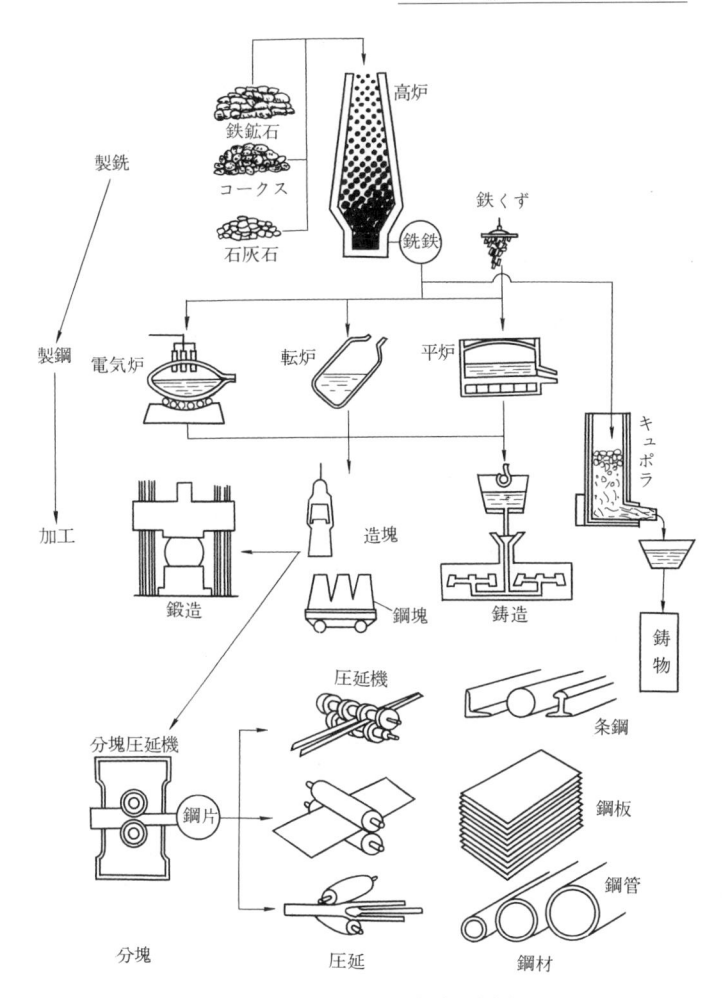

図 6.5　鉄鋼製品の製造工程図

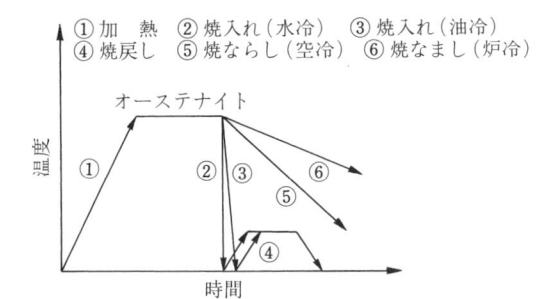

① 加　熱　② 焼入れ（水冷）　③ 焼入れ（油冷）
④ 焼戻し　⑤ 焼ならし（空冷）　⑥ 焼なまし（炉冷）

図 6.6　鋼の熱処理における概念図[24]

に加熱した後，水または油で急冷して硬化させることを焼入れという。焼入れによって鋼の強度は増大し，硬くなるが脆い性質となる。

(4) 焼 戻 し（tempering）　焼入れした鋼は非常に硬くて脆い。これを再加熱し徐冷すると，鋼の組織が安定化し，ひずみが除かれて粘りを増加させる。

6.2.2 鋼材の種類と性質

〔1〕 **建設用鋼材の種類**　鋼材はすべて工場製品であり，種類は多い。鋼材の種類と品質はJISで定められており，建設用としてよく使われる鋼材のおもなものは，鋼板，形鋼，棒鋼，レール，線材，鋼管，鋼矢板，ボルトなどがある。

(1) 鋼　　板　橋や鉄骨建築などの鋼構造物は，一般に**鋼板**（steel plate）を切断し，溶接などで組み立ててつくられる。**一般構造用圧延鋼材**（rolled steels for general structure）は橋，船舶，車両その他に用いる熱間圧延鋼材であり，**表6.1**に種類と機械的性質を示してある。溶接用圧延鋼材は橋，船舶，車両，石油貯槽などに用いる熱間圧延鋼材であり，溶接性に優れた鋼材である。これらを**表6.2**に示す。

表6.1　一般構造用圧延鋼材の種類と機械的性質　（JIS G 3101）[20]

種類の記号	降伏点または耐力〔N/mm²〕			引張強さ〔N/mm²〕	適　用
	鋼材の厚さ〔mm〕				
	16以下	16～40	40を超えるもの		
SS 330	205以上	195以上	175以上	330～430	鋼板，鋼帯，平鋼および棒鋼
SS 400	245以上	235以上	215以上	400～510	鋼板，鋼帯，形鋼，平鋼および棒鋼
SS 490	285以上	275以上	255以上	490～610	
SS 540	400以上	390以上	—	540以上	厚さ40 mm以下の鋼板，鋼帯，形鋼，平鋼および距離40 mm以下の棒鋼

6.2 鉄　金　属　　45

表 6.2　溶接構造用圧延鋼材の種類と機械的性質（JIS G 3106）[3]

種類の記号	降伏点または耐力〔N/mm²〕 鋼材の厚さ〔mm〕					引張強さ〔N/mm²〕	適　用
	16以下	16～40	40～75	75～100	100～160	160～200		
SM 400 A	245以上	235以上	215以上	215以上	205以上	195以上	400～510	鋼板,鋼帯,平鋼および棒鋼
SM 400 C					—	—		鋼板,鋼帯および形鋼
SM 490 A	325以上	315以上	295以上	295以上	285以上	275以上	490～610	鋼板,鋼帯,平鋼および形鋼
SM 490 B								
SM 490 C					—	—		鋼板,鋼帯および形鋼
SM 490 YA	365以上	355以上	335以上	325以上			490～610	鋼板,鋼帯,平鋼および形鋼
SM 490 YB								
SM 520 B	365以上	355以上	335以上	325以上			520～640	鋼板,鋼帯,平鋼および形鋼
SM 520 C								鋼板,鋼帯および形鋼
SM 570	460以上	450以上	430以上	420以上			570～720	鋼板,鋼帯および形鋼

（2）形　　　鋼　形鋼（section steel または shape steel）は図 6.7 に示す 8 種類のものがある．一般にこれらを適当な長さに切断し，組み合わせることで使用される．また建設工事の土留めや水仕切りに使用される鋼矢板や円形断面の鋼管がある．

（3）棒　　　鋼　棒鋼には，鉄筋コンクリート用棒鋼（**鉄筋**：reinforc-

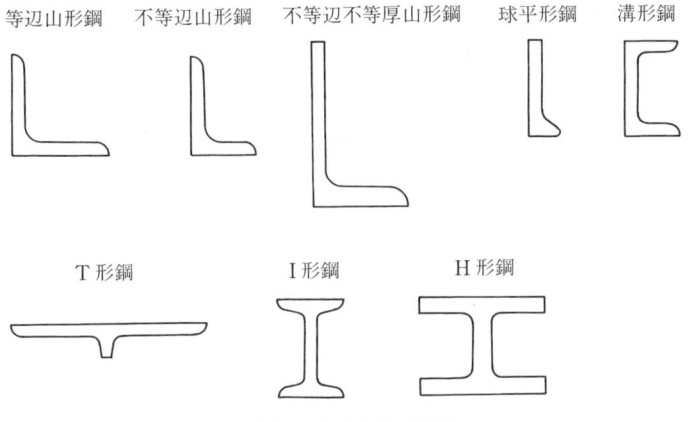

図 6.7　形鋼の種類

ing bar),鉄筋コンクリート用再生棒鋼,PC鋼棒,リベット用丸鋼,ボルトなどがある。鉄筋コンクリート用棒鋼は熱間圧延によって製造される(**表6.3**)。

　7種類がJISに規定されている。種類の記号SR235は**丸鋼**(steel round)で降伏点強度235 N/mm² 以上を表している。SD345は**異形棒鋼**(steel deformed)で降伏点強度345 N/mm² 以上を表している。建設用材には,リブやふしなど突起のついた異形棒鋼が使用される。軸方向のリブや円周方向の

表6.3　鉄筋コンクリート用棒鋼の機械的性質　(JIS G 3112)[20]

種類の記号	降伏点または0.2%耐力 [N/mm²]	引張強さ [N/mm²]	引張試験片	伸び [%]	曲げ性 曲げ角度	曲げ性 内側半径
SR 235	235以上	380〜520	2号	20以上	180°	公称直径の1.5倍
			3号	24以上		
SR 295	295以上	440〜600	2号	18以上	180°	径16 mm以下　公称直径の1.5倍
			3号	20以上		径16 mmを超えるもの　公称直径の2倍
SD 295 A	295以上	440〜600	2号に準じるもの	16以上	180°	D16以下　公称直径の1.5倍
			3号に準じるもの	18以上		D16を超えるもの　公称直径の2倍
SD 295 B	295〜390	440以上	2号に準じるもの	16以上	180°	D16以下　公称直径の1.5倍
			3号に準じるもの	18以上		D16を超えるもの　公称直径の2倍
SD 345	345〜440	490以上	2号に準じるもの	18以上	180°	D16以下　公称直径の1.5倍
			3号に準じるもの	20以上		D16を超えD41以下　公称直径の2倍
						D51　公称直径の2.5倍
SD 390	390〜510	560以上	2号に準じるもの	16以上	180°	公称直径の2.5倍
			3号に準じるもの	18以上		
SD 490	490〜625	620以上	2号に準じるもの	12以上	90°	D25以下　公称直径の2.5倍
			3号に準じるもの	14以上		D25を超えるもの　公称直径の3倍

　2号とは直径が25 mm未満(異形棒鋼の場合は呼び名D25未満),3号とは直径が25 mm以上(異形棒鋼の場合は呼び名D25以上)

ふしはメーカーによって異なるが，これらの突起があるため，コンクリートとの付着力は増加する．異形棒鋼には**直径**（diameter）の違いによって13種類がある（**表6.4**）．突起があるため周長や断面積は公称直径や公称断面積が用いられる．**鉄筋コンクリート用再生**（recycling）**棒鋼**（SRR，SDR）は**表6.5**に示す5種類がある．再生棒鋼は弾性係数が多少小さくなる傾向がある．

PC鋼棒（prestressing steel bar）はプレストレストコンクリートの緊張に

表6.4 異形棒鋼の寸法，質量および節の許容限度[20]

呼び名	公称直径 d 〔mm〕	公称周長 l 〔cm〕	公称断面積 s 〔cm²〕	単位質量 〔kg/m〕	節の平均間隔の最大値〔mm〕	節の高さ 最小値〔mm〕	節の高さ 最大値〔mm〕	節の隙間の和の最大値〔mm〕	節と軸線との角度
D 6	6.35	2.0	0.316 7	0.249	4.4	0.3	0.6	5.0	
D 10	9.53	3.0	0.713 3	0.560	6.7	0.4	0.8	7.5	
D 13	12.7	4.0	1.267	0.995	8.9	0.5	1.0	10.0	
D 16	15.9	5.0	1.986	1.56	11.1	0.7	1.4	12.5	
D 19	19.1	6.0	2.865	2.25	13.4	1.0	2.0	15.0	
D 22	22.2	7.0	3.871	3.04	15.5	1.1	2.2	17.5	45度以上
D 25	25.4	8.0	5.067	3.98	17.8	1.3	2.6	20.0	
D 29	28.6	9.0	6.424	5.04	20.0	1.4	2.8	22.5	
D 32	31.8	10.0	7.942	6.23	22.3	1.6	3.2	25.0	
D 35	34.9	11.0	9.566	7.51	24.4	1.7	3.4	27.5	
D 38	38.1	12.0	11.40	8.95	26.7	1.9	3.8	30.0	
D 41	41.3	13.0	13.40	10.5	28.9	2.1	4.2	32.5	
D 51	50.8	16.0	20.27	15.9	35.6	2.5	5.0	40.0	

表6.5 再生棒鋼の機械的性質（JIS G 3117）[20]

区分	種類の記号	降伏点または耐力〔N/mm²〕	引張強さ〔N/mm²〕	引張試験片	伸び〔%〕	曲げ性 曲げ角度	曲げ性 内側半径
再生丸鋼	SRR235	235 以上	380〜590	2号	20 以上	180°	公称直径の1.5倍
	SRR295	295 以上	440〜620		18 以上		
再生異形棒鋼	SDR235	235 以上	380〜590	2号に準じるもの			
	SDR295	295 以上	440〜620		16 以上		
	SDR345	345 以上	490〜690				

用いられる鋼棒である。キルド鋼を熱間圧延し，ストレッチング（stretching），引抜き，熱処理のうちいずれかの方法やこれらの組み合わせによって製造される。鉄筋コンクリート棒鋼に比べて，はるかに高強度の棒鋼である。**表6.6**にその種類と機械的性質を示す。

表6.6 PC鋼棒の機械的性質 （JIS G 3109）[20]

種類		記号	耐力* [N/mm²]	引張強さ [N/mm²]	伸び [%]	リラクセーション値 [%]
A種	2号	SBPR 785/1030	785以上	1 030以上	5以上	4.0以下
B種	1号	SBPR 930/1080	930以上	1 080以上	5以上	4.0以下
	2号	SBPR 930/1180	930以上	1 180以上	5以上	4.0以下
C種	1号	SBPR 1080/1230	1 080以上	1 230以上	5以上	4.0以下

＊ 耐力とは，0.2％永久伸びに対する応力をいう。

〔2〕 鋼材の機械的性質

（1） 密　　度　　鋼材の密度は7.85 g/cm³である。

（2） 強　　さ　　鋼材は強度が大きく，均質な材料であるため，強さは一般的に引張りによって表される。鋼材の引張強度は製品から試験片を切り出したり，棒鋼を所定の長さに切断して試験することが多い。鋼材（軟鋼）の引張試験を行い，応力とひずみの関係について見ると**図6.8**のようになる。図の曲線を応力-ひずみ曲線という。図の点Pまでは応力とひずみが比例することから，点Pの応力を比例限度という。

点Eまでは外力を除けば永久ひずみを生じず0に戻るので，点Eの応力を弾性限度という。点Pと点Eはごく近くであり，位置が入れ替わることもある。

点Eを過ぎると，応力の増加がないのにひずみが増加する。この現象を降伏といい，点Y_1の応力を上降伏点，点Y_2の応力を下降伏点という。一般にY_1を降伏点といい，この点の応力を**降伏強度**（yield strength）f_yという。その後，応力の増加とともにひずみも増大し，最大応力の点Mに達する。この最大応力を引張強度としている。点Bに至って鋼材は破断する。

試験片は引張力を受けることによって伸びることから，試験前に標点間距離

を定め，破断後の破断面を突き合わせて伸びた標点間距離から，変形量（伸び）を測定しもとの長さで徐したものを，伸び率〔％〕または伸び〔％〕という。引張試験後の最小断面積とその原断面積との差を，試験前の断面積で徐したものを絞り〔％〕という。

冷間加工したものや高張力鋼では，図 **6.9** に示すように明確な降伏点が見られず，徐々に応力とひずみが増加する。これらの材料には残留ひずみが生じることから，0.2％の残留ひずみを生じる応力を降伏点強度とみなす。

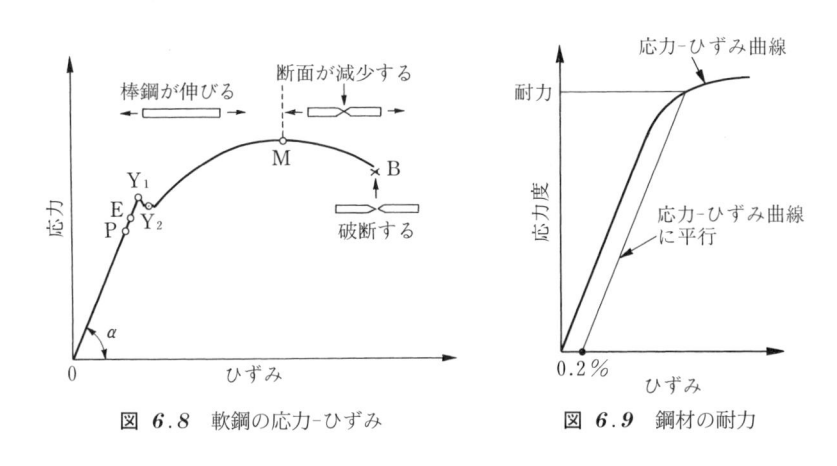

図 **6.8** 軟鋼の応力-ひずみ

図 **6.9** 鋼材の耐力

6.3 非鉄金属

非鉄金属には，銅，アルミニウム，ニッケルおよびこれらの合金と錫，鉛，亜鉛などがある。非鉄金属の種類と物理的および機械的性質を表 **6.7** に示す。

1) **銅とその合金**　　銅（copper）および銅合金は，強さや硬さの点で鋼に劣るものの，耐食性，展延性，加工性に優れていることから，板・棒・釘・針金・管材などに加工され，建設用材料として広く用いられている。銅合金である**黄銅**（brass）は真鍮（しんちゅう）ともいい，銅と亜鉛の合金で，これに鉛，錫，そのほかの金属を含んだものである。展延性に優れ，耐食性も大きく，外観が美しいことなどから，線材・管・板などに広く使われている。

2) **アルミニウム**　　アルミニウム（AL）は密度が $2.69\,\mathrm{g/cm^3}$ で軽量であ

表 6.7 非鉄金属の種類とその物理的および機械的性質[3),10)]

種類	密度 〔g/cm³〕	融点 〔°C〕	線膨張係数 〔10^{-6}°C〕	熱伝導率 〔kcal/mh°C〕	弾性係数 〔10^4N/mm²〕	引張強さ 〔N/mm²〕	降伏点 〔N/mm²〕	伸び 〔%〕
アルミニウム	2.69	660	24.6	191	7.03	8.6〜19.5	1.4〜16.9	4〜50
銅	8.93	1 030	16.5	338	12.9	24.5	6	40〜60
鉛	11.3	327	29	30.2	1.58	0.9〜2.3		20〜60
マグネシウム	1.74	651	25.8	14.8(0°C)	4.43			
ニッケル	8.9	1 450	13.3	79.2	20.6			
錫	7.28	231	21	55.1	5.72			
亜鉛	7.12	419	30	97.2	7.6〜7.9	11〜28	11〜28	30〜50
チタン	4.51	1 668	9.0	14.4	10.7	30〜70		

り，加工性がよく，耐食性にも優れているため広く利用されている。アルミニウム合金の一種であるジュラルミンは軽量かつ高強度を要求される航空機や車両等に用いられる。

3) **錫，鉛，亜鉛**　錫はブリキ板などに，鉛はケーブル被覆や蓄電池用板などに，亜鉛は亜鉛引鉄板などの用途に使われている。

演 習 問 題

【1】 銑鉄の製造方法について述べよ。

【2】 鋼の熱処理にはどのような方法があるか説明せよ。

【3】 形鋼の種類を挙げよ。

【4】 鋼材の応力-ひずみ曲線について図を描いて説明せよ。

【5】 SR295 と SD390 はなにを意味するか説明せよ。

7

コンクリート用材料

　コンクリート（concrete）とは，一般に骨格材（骨材）を**マトリックス**（母体となる材料）で結合し，一体化したものすべてを含んだ呼び方であり，マトリックスはセメントとは限らない。しかしながら，一般にコンクリートという場合は**セメント**（cement）を用いたコンクリートを対象としており，本章でもこの意味に使っている。このほか，コンクリートと呼ばれるうちよく使われるものには，マトリックスにアスファルトを用いたアスファルトコンクリート，マトリックスにレジン（樹脂）を用いたレジンコンクリート等がある。

　コンクリートは骨材と呼ばれる砂，砂利が全体の容積の約7割を占めており，細骨材と粗骨材から成り立っている。残りの約30％がセメントペーストで，これの中身はセメント，水，空気である。空気はコンクリート練混ぜ中に空気を巻き込んで生じた気泡（エントラップトエア）とAE剤によって人工的に発生させた気泡（エントレインドエア）に区分される。このほか，セメントの水和物により生じたゲル空隙や毛細管空隙が存在する。

7.1 セメント

7.1.1 セメントの歴史

　セメントの歴史は古く，古代エジプト，ギリシャ，ローマ時代にさかのぼるといわれている。その頃の建造物はおもに石材によって造られていたが，石材と石材との接合用に用いられていたのが，石灰，石膏，火山灰土などの無機質材料で，これがセメントの始まりである。

　今日のポルトランドセメントは，英国のれんが職人 Joseph Aspdin の発明

(1824 年) によるものである。すなわち，石灰石と粘土を粉砕しスラリーをつくり，これを高温度下で焼成したものを粉砕してセメントを造った。このセメントの硬化後の色が，Poltland 地方から産出される石灰石に似ていたのでポルトランドセメントと名付けた。

日本にポルトランドセメントの製造技術が伝わったのは明治の初年で，1872 年（明治 5 年）東京深川清澄町に官営のセメント製造所を設置し，1875 年（明治 8 年）5 月に初めてポルトランドセメントが製造された。

7.1.2 セメントの種類と規格

JIS に規定されているセメントは，表 7.1 に示すようにポルトランドセメント 12 種と混合セメント 9 種の計 21 種類である。これ以外に特殊セメントとして，白色ポルトランドセメント，アルミナセメント，超速硬セメント，膨張セメント，油井セメント，コロイドセメントなどがある。

表 7.1 セメントの分類

(1) ポルトランドセメント (JIS R 5210)	普通ポルトランドセメントおよび，低アルカリ形
	早強ポルトランドセメントおよび，低アルカリ形
	超早強ポルトランドセメントおよび，低アルカリ形
	中庸熱ポルトランドセメントおよび，低アルカリ形
	耐硫酸塩ポルトランドセメントおよび，低アルカリ形
	低熱ポルトランドセメントおよび，低アルカリ形
(2) 混合セメント	高炉セメント (A 種，B 種，C 種) (JIS R 5211)
	シリカセメント (A 種，B 種，C 種) (JIS R 5212)
	フライアッシュセメント (A 種，B 種，C 種) (JIS R 5213)
(3) その他のセメント	白色ポルトランドセメント
	アルミナセメント
	超速硬セメント
	膨張セメント
	油井セメント
	コロイドセメント，など

7.1.3 セメントの製造

〔1〕 原 料　ポルトランドセメントの製造に必要な主原料は石灰石

と粘土質原料である。前者と後者の比率は約 4：1 である。粘土質原料としては，シリカ（SiO_2）60〜70％，アルミナ（Al_2O_3）10〜25％，酸化鉄（Fe_2O_3）5〜10％が要求されるので，SiO_2 が不足する場合，それを補充するためにケイ酸質原料（ケイ砂，軟ケイ石，チャート）が用いられる。Fe_2O_3 の不足分は，酸化鉄原料（鉱滓，銅カラミ）によって補充される。さらに，セメントの凝結時間を調整するために，クリンカーを粉砕する際に 3％ 程度の石膏が添加される。

〔2〕**製 造 方 法**　ポルトランドセメントの製造方法を大別すると，乾式法と湿式法がある。最近は省エネルギーの観点からほとんど乾式法である。製造工程は，図 **7.1** に示すように原料処理工程，焼成工程および仕上げ工程よりなる。原料処理工程では，石灰石と粘土質原料が正確に調合され，粉砕機で微粉砕される。微粉砕された原料はエアブレンディングサイロ（調合装置）に導かれ，均一に混合される。

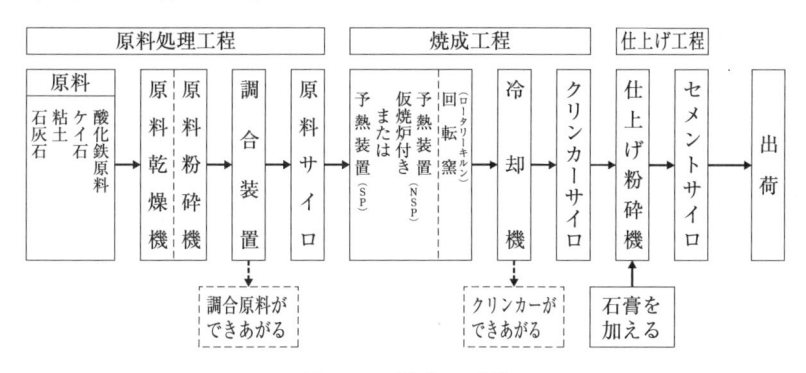

図 **7.1**　製 造 工 程[6]

つぎの焼成工程においては，サスペンションプレヒータ（予熱装置）によって原料があらかじめ 850 ℃ まで熱せられた後，ロータリーキルンに送入され焼成される。ロータリーキルンの直径および長さは，それぞれ 3.5〜6 m，および 55〜100 m 程度である。ロータリーキルンは 3.0〜4.5％ の傾斜があり，1 分間に 2〜3 回の速度で回転する。原料はしだいに移動し，最高 1 450 ℃ 程度まで加熱され，半溶融状態になるまで焼成され**クリンカー**（clinker）となる。

排出されたクリンカーは冷却されタンクに貯蔵される。

最後の仕上げ工程では，冷却された直径 10 mm 程度のクリンカーに，石膏を 3〜4％ 加えた後，仕上げ粉砕機で微粉砕されたものがポルトランドセメントとなる。

〔3〕 **ポルトランドセメントの化学成分と化合物** ポルトランドセメントの化学成分は，セメントの種類だけでなく製造工場によっても多少異なるが，その平均的な値は**表 7.2**に示すとおりである。

表 7.2 各種セメントの化学分析結果 (JIS R 5202-1999)

セメントの種類		ig. loss〔％〕	insol.〔％〕	SiO_2〔％〕	Al_2O_3〔％〕	Fe_2O_3〔％〕	CaO〔％〕	MgO〔％〕
ポルトランドセメント	普通	1.8	0.2	21.1	5.2	2.8	64.2	1.5
	早強	1.2	0.1	20.4	4.8	2.7	65.2	1.3
	中庸熱	0.4	0.1	23.0	3.9	4.1	64.1	1.3
	低熱	1.0	0.1	26.3	2.7	2.6	63.5	0.9

セメントの種類		SO_3〔％〕	Na_2O〔％〕	K_2O〔％〕	TiO_2〔％〕	P_2O_5〔％〕	MnO〔％〕	Cl〔％〕
ポルトランドセメント	普通	2.0	0.28	0.42	0.26	0.17	0.08	0.006
	早強	2.9	0.22	0.38	0.25	0.16	0.07	0.005
	中庸熱	2.0	0.23	0.41	0.17	0.06	0.02	0.002
	低熱	2.3	0.13	0.35	0.14	0.09	0.06	0.003

クリンカー中では**表 7.2**に示す化学成分は単一では存在せず，焼成によって化合物を形成し，さらにその化合物が主成分となって，エーライト，ビーライトなどの組成鉱物をなしている。**表 7.3**に各組成鉱物の特性ならびにポルトランドセメント中に占める比率を示す。

表 7.3に示すように，早強セメントは早期強度が大となるよう C_3S を多くして，微粉砕したセメントである。中庸熱セメントは水和熱を小さくするために C_3S と C_3A を少なくし，その代わりに C_2S を多くしたセメントである。水和熱が普通セメントより低く，強さは普通セメントに比べて短期では低いが長期では同等かやや高い。乾燥収縮は小さく，耐硫酸塩性や耐酸性が大きい。低

表 7.3 組成鉱物の特性および化合物の含有比率の標準[7]

組成鉱物	主要化合物	組成鉱物の特性					組成物の含有比率〔％〕			
		早期強度	長期強度	水和熱	乾燥収縮	化学抵抗性	普通	早強	中庸熱	耐硫酸塩
エーライト	C_3S	大（3〜28日の強度発現）	中	中	中	—	49	64	45	63
ビーライト	C_2S	小	大（28日以後の強度発現）	小	中	—	27	11	33	15
フェライト相	C_4AF	小	小	中	小	大	9	9	12	16
アルミネート相	C_3A	大（1日の強度発現に影響）	小	大	大	小	9	8	3	0

熱セメントはさらに C_2S (40％以上) を増したもので, 熱の発生が少なく, 長期強度が期待できる。耐硫酸塩セメントは C_4AF を増し, C_3A を減じて化学抵抗性を増したものである。

近年, アルカリ骨材反応によるコンクリート構造物の早期劣化を防ぐためにセメント中のアルカリ量（全アルカリ $= Na_2O + 0.658K_2O$）を 0.6％以下とした低アルカリ形のポルトランドセメントが規格化されている。また, 現在では普通ポルトランドセメント中のアルカリ量は, 0.75％以下となるよう製造管理されている。

7.1.4 セメントの一般的性質

〔1〕 **セメントの水和**　セメントが水と接すると, セメントと水とが化学反応を起こす。この反応を水和作用（あるいは単に水和：hydration）という。水和作用は, セメントの粉末度, 水量, 温度など多くの要因に影響を受け, その反応過程はきわめて複雑である。正確にはそれを表すことは難しいが, 概略的には図 7.2 のようになる。セメントの水和物の大部分は C-S-H という記号で表される種々の組成と結晶度をもつケイ酸カルシウム水和物と水酸化カル

クリンカー化合物　　　　　　　水　　　水和生成物

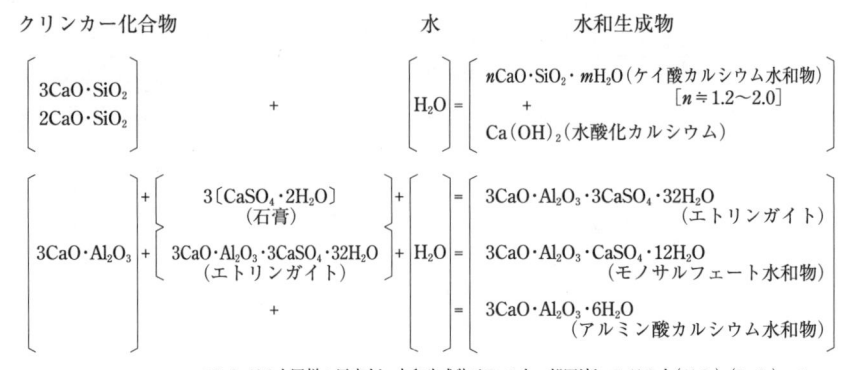

$$\left\{\begin{array}{l}3CaO\cdot SiO_2\\ 2CaO\cdot SiO_2\end{array}\right\}+\left\{H_2O\right\}=\left\{\begin{array}{l}nCaO\cdot SiO_2\cdot mH_2O\,(ケイ酸カルシウム水和物)\\ \qquad\qquad[n\approx 1.2\sim 2.0]\\ +\\ Ca(OH)_2\,(水酸化カルシウム)\end{array}\right\}$$

$$\left\{3CaO\cdot Al_2O_3\right\}+\left\{\begin{array}{l}3[CaSO_4\cdot 2H_2O]\\ \quad(石膏)\\ 3CaO\cdot Al_2O_3\cdot 3CaSO_4\cdot 32H_2O\\ \quad(エトリンガイト)\\ +\end{array}\right\}+\left\{H_2O\right\}=\left\{\begin{array}{l}3CaO\cdot Al_2O_3\cdot 3CaSO_4\cdot 32H_2O\\ \qquad\qquad(エトリンガイト)\\ 3CaO\cdot Al_2O_3\cdot CaSO_4\cdot 12H_2O\\ \qquad\qquad(モノサルフェート水和物)\\ 3CaO\cdot Al_2O_3\cdot 6H_2O\\ \qquad\qquad(アルミン酸カルシウム水和物)\end{array}\right\}$$

$\left[4CaO\cdot Al_2O_3\cdot Fe_2O_3\right]$　$3CaO\cdot Al_2O_3$と同様の反応をし，水和生成物はFe_2O_3を一部固溶して，Al_2O_3を$(Al_2O_3)_x(Fe_2O_3)_{1-x}$で置きかえたかたちで表現できる。

図 7.2　セメントの水和作用[6]

シウムで，残りはアルミン酸カルシウム水和物，アルミン酸硫酸カルシウム水和物などである。

〔2〕**水 和 熱**　セメントの水和作用によって発生する熱を**水和熱**という。水和熱は，セメントの種類，化学組成，水セメント比，粉末度などによって相違する。表 7.4 は各主要化合物の水和作用の1年間の総水和熱の測定値を示す。これより$C_3A>C_3S>C_4AF>C_2S$の順に水和熱が大きいことがわかる。

〔3〕**4主要化合物の強さ**　図 7.3 に4主要化合物の圧縮強さを示す。

表 7.4　各主要化合物の水和熱

化合物	水和熱〔cal/g〕
C_3S	120
C_2S	62
C_3A	207
C_4AF	100

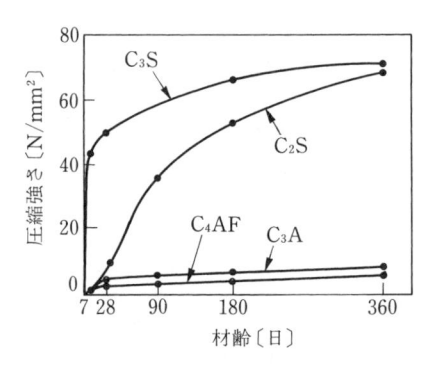

図 7.3　ポルトランドセメントの組成化合物[10]

これより C_3S は短期強さを，C_2S は長期強さに貢献することがわかる。C_3A や C_4AF の強度への寄与は非常に小さい。

〔4〕 **凝結と硬化** セメントに水を加えて練り混ぜると，軟らかいペースト状となるが，時間の経過とともに水和が進行し，しだいに軟らかさが失われ，こわばりが生じるようになる。この現象を凝結という。その後，材齢とともに硬くなり強度が発現していく。この現象を硬化という。凝結と硬化は一連の現象であって判然とした限界はない。JIS では凝結の始めを**始発** (initial setting)，終りを**終結** (final setting) と呼んで便宜上試験方法が定められている。

〔5〕 **セメントの風化** セメントは貯蔵中に空気にふれると，湿気を吸って軽微な水和作用を生じる。同時に炭酸ガスを吸収し炭酸カルシウムを生成し，部分的に塊を生じるようになる。このような現象を**風化** (aeration) という。風化したセメントは強熱減量が増し，比重が低下し，凝結も遅くなり，強さも低下する。風化の反応はつぎのとおりである。

$$\text{セメント} + H_2O \rightarrow \text{水和物} + Ca(OH)_2 \tag{7.1}$$

$$Ca(OH)_2 + CO_2 \rightarrow CaCO_3 + H_2O \tag{7.2}$$

風化によってできた水は，さらに連鎖的に風化を進行させる。

7.1.5 セメントの種類とその性質

〔1〕 **ポルトランドセメント**

(1) **普通ポルトランドセメント** わが国において生産されているセメントの約 80 % を占めている。特殊な目的，用途に対して製造されたものではなく，一般工事用として使用されている。

(2) **早強ポルトランドセメント** 初期材齢における強度を高めるために，普通ポルトランドセメントより C_3S の量を多くし，細かく粉砕したものである。プレストレストコンクリート，コンクリート二次製品，冬期工事，緊急工事などに用いられる。

(3) **超早強ポルトランドセメント** 早強ポルトランドセメントより C_3S

の量を多くし，C_2S を少なくして微粉砕したセメントである。冬期工事，緊急工事，グラウト用などに用いられる。

（4）**中庸熱ポルトランドセメント**　水和熱を低くするために C_3S と C_3A の量を少なくし，その代わりに C_2S の量を多くしたセメントである。早期における強度の発現は遅いが，長期における強度は普通ポルトランドセメントと同程度かやや大きい。乾燥収縮は小さく，耐硫酸塩性や耐酸性が大きい。ダム，地下構造物および道路舗装用として用いられる。

（5）**耐硫酸塩ポルトランドセメント**　セメント中の C_3A の量を4％以下とほかのセメントよりも低く抑えることによって，耐硫酸塩性を向上させたセメントである。硫酸塩濃度の高い土壌，地下水および排水と接触する場合に用いられる。

〔2〕　混合セメント

（1）**高炉セメント**　製鉄所で得られる高炉スラグ粉末と普通ポルトランドセメントを混合したものである。混合する高炉スラグの量によって，A種（5～30％），B種（30～60％），C種（60～70％）に分類されている。高炉スラグ粉末は潜在水硬性を有し，セメントの水和によって生成した水酸化カルシウム $Ca(OH)_2$ または石膏などの刺激材と反応して硬化する性質をもっている。高炉セメントを使用したコンクリートの長期強度は，普通ポルトランドセメントを用いたコンクリートよりも大きく，耐化学薬品性に優れている。水和熱が低く，水密性の高いコンクリートを製造できるという特長がある。

（2）**シリカセメント**　シリカ質混合材を混合してつくった混合セメントがシリカセメントである。JIS では $Ca(OH)_2$ と反応しやすい形の SiO_2（シリカ）の含有量が60％以上のポゾランをシリカ質混合材と定義している。シリカ質混合材の混入量によりA種（5～10％），B種（10～20％），C種（20～30％）の3種類が規定されている。このセメントの特性は，水密性が高く石灰分の溶出を減ずるので耐久性に富み，構造用コンクリートに用いられる。

（3）**フライアッシュセメント**　フライアッシュは火力発電所において，微粉炭が燃焼する際に生成する灰を集じん器で集めた一種のポゾランである。

フライアッシュを混入したセメントとしては，A種（5～10％），B種（10～20％），C種（20～30％）の3種類がJISに規定されている。フライアッシュセメントを用いたコンクリートは，流動性がよく，乾燥収縮が小さく，水和熱が小さい。長期強度は普通ポルトランドセメントを用いたコンクリートより大きい。ダム工事や一般の構造物用コンクリートに用いられている。

〔3〕 特殊セメント

（1） **白色ポルトランドセメント** セメントの色を白色とするためにFe_2O_3を0.3％以下（普通セメントでは3～4％）に抑えるとともにMgOを1％以下としている。普通セメントに比べて早期強度はやや高いが，そのほかの性質はほとんど変わらない。また顔料を添加することにより好みの色に着色できる。カラーコンクリートの製造に用いられる。

（2） **超速硬セメント** 超速硬セメントの一つにスーパージェットセメント（商品名）がある。主成分はアルミン酸カルシウムで，従来のポルトランドセメントにアウィンクリンカー（$C_3A_3 \cdot CaSO_4$）を混合して製造される。このセメントの特色は，凝結時間が短い，早期（2～3時間）に強さ（20 N/mm^2～30 N/mm^2）を発現する。アルミナセメントにみられるような**転移**（conversion）という特異な現象はない。緊急工事，冬季工事，補修工事などに用いられる。

（3） **アルミナセメント** ボーキサイトにほぼ等量の石灰石を混合し，電気炉で溶融するか，ロータリーキルンで焼成してつくられる。主成分はカルシウムアルミネート（$CaO \cdot Al_2O_3$）である。強度発現がきわめて早く，材齢24時間で40 N/mm^2程度の強度を発現する。アルミナセメントには，ある条件下で転移という特異な現象が生じる。転移すれば強度低下を生じるので注意が必要である。緊急工事，冬季工事，耐火性や耐薬品性が要求されるところに使用される。

7.1.6 セメントの物理的性質

〔1〕 密 度（density） セメントの密度は，含有する化合物の割合

によって多少異なる。ポルトランドセメントの密度は，普通が約 $3.15 \mathrm{g/cm^3}$，早強が約 $3.13 \mathrm{g/cm^3}$，超早強が約 $3.10 \mathrm{g/cm^3}$，中庸熱および耐硫酸塩が約 $3.20 \mathrm{g/cm^3}$ である。密度はクリンカーの焼成が不十分のとき，あるいは風化しているときなどに低い値を示す。したがって，密度の変化によって，風化の程度を知る目安となる。また，コンクリートの配合設計におけるセメントの容積計算において，セメントの密度が必要である。

密度の測定には**ルシャテリエ比重瓶**（le Chatelier flask）を用い，セメントの容積を鉱油（軽油を完全脱水したもの）で置換して求める。

〔2〕 **粉 末 度**（finess）　セメント粒子の細かさのことで，粉末度はセメント，コンクリートの性質と深い関係がある。セメント粒子の細かい，すなわち粉末度の高いセメントほど，水と接触する表面積が増大し，水和が早くなり初期強度が強くなる。また，ブリーディングが少なく，ワーカブルなコンクリートが得られるが，乾燥収縮が大きくなりがちで，風化しやすくなる。粉末度の試験は「ブレーン空気透過法」によって行い，比表面積〔$\mathrm{cm^2/g}$〕で表す。

〔3〕 **凝 結 時 間**（time of setting）　セメントに水を加えると水和作用を起こし，時間がたつと硬化し始める。水を加えてから硬化し始めるまでの時間を凝結時間という。凝結時間はセメントの化学成分，粉末度，水セメント比，温度，湿度などによって異なる。したがって，JIS 試験では，温度 $20\pm2\,°\mathrm{C}$，湿度 85％ 以上の室内で，標準軟度（水セメント比 25〜29％ 程度）のセメントペーストで試験することになっている。凝結時間（始発，終結）の測定にはビカー針装置を用いる。

〔4〕 **安 定 性**（soundness）　安定性とは，セメントの硬化中に容積が膨張し，ひび割れやそりなどが生じる程度をいう。不安定の原因には，クリンカーの焼成不十分による**遊離石灰**（free lime），遊離酸化マグネシウムの存在，三酸化硫黄によるセメントバチルスの生成などが挙げられる。

安定性の試験は，**パット**（pat）の膨張性ひび割れ，そりの有無を煮沸法で調べる方法がとられている。

〔5〕 **強　　さ**（strength）　セメントの強さは，セメントペースト硬

化体の強さではなく，標準砂を用いて作製されたモルタルの圧縮強度および曲げ強度で表す．JIS では，セメント：砂 ＝ 1：3，W/C ＝ 0.50 のモルタルを用い，$4 \times 4 \times 16$ cm の供試体をつくり，20 ℃ ± 3 ℃ の水中で所定材齢まで養生して，試験するよう規定している．

7.2 骨材および水

7.2.1 概　　要

骨材（aggregate）とは，モルタルやコンクリートをつくるために，主として補強・増量を目的としてセメント，水，混和材料とともに練混ぜる砂，砕砂，砂利，砕石，スラグ細・粗骨材，その他これに類似の材料をいう．骨材の粒径の大小に応じて**粗骨材**（coarse aggregate）と**細骨材**（fine aggregate）の 2 種類に区分される．土木学会コンクリート標準示方書では，細骨材とは 10 mm ふるいを全部通り，5 mm ふるいを質量で 85 ％以上通る骨材をいい，粗骨材は 5 mm ふるいに質量で 85 ％以上とどまる骨材と定義している．また，骨材を生産あるいは製造別に分類すると**図 7.4** ようになる．

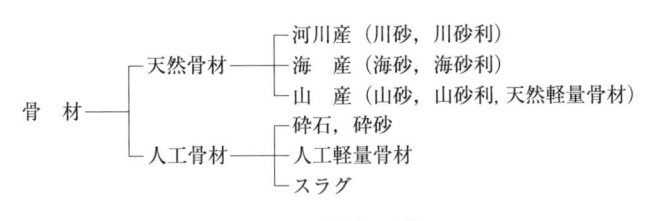

```
            ┌ 天然骨材 ┬ 河川産（川砂，川砂利）
            │          ├ 海　産（海砂，海砂利）
骨　材 ─┤          └ 山　産（山砂利, 山砂利, 天然軽量骨材）
            │          ┌ 砕石，砕砂
            └ 人工骨材 ┼ 人工軽量骨材
                       └ スラグ
```

図 7.4　骨材の分類

骨材はコンクリート容積の約 70 ％を占めるものであるから，コンクリートの性質に大きな影響を与える．骨材の品質に対して，土木学会の示方書では，骨材は清浄，堅硬，耐久的で適当な粒度をもち，ごみ，どろ，有機不純物，塩化物等を有害量含んでいてはならないと規定し，さらに，粗骨材においては，薄い石片，細長い石片を有害量含まないこと，特に耐火性を必要とする場合に

は耐火的な粗骨材を用いなければならないと規定している。

7.2.2 骨材の一般的性質

〔1〕**強さおよび耐久性**　コンクリートの強度は，骨材の強度がセメントペーストの強度より大きい場合には主としてセメントペーストの強度に支配され，骨材の強度がセメントペーストの強度より小さい場合には主として骨材の強度に支配されていると考えられる。したがって，骨材はセメントペーストの強度より強いことが望ましい。

骨材の強さは，母岩あるいは原石の強さからある程度推定することができる。骨材そのものの強さは，BS 812，旧ソ連規格，アメリカ開拓局などに規定されている破砕試験，JIS規定のすりへり抵抗性試験（JIS A 1120, 1121）などによって間接的に求めることができる。

骨材は，これを用いたコンクリートが凍結融解作用，乾湿繰り返し作用，あるいは激しい温度変化に対して，安定で耐久的でなければならない。安定で耐久的とは，おもに気象作用によって崩壊したり分解したりしないことである。不安定な骨材を用いたコンクリートは，ひび割れ，はく離，崩壊等の損傷を受ける。不安定な骨材とは，軟質で吸水率が大きく割れやすいもの，また水で飽和したときに著しく膨張するもので，その例としては軟質砂岩，頁岩(けつがん)，粘土質岩石，ある種の雲母質岩石などである。

骨材の耐久性を調べるには，硫酸ナトリウムまたは硫酸マグネシウム飽和溶液に浸したのち乾燥させるという操作を繰り返し，そのときの損失質量が限度以下であるかどうかを調べる方法（JIS A 1122）が用いられている。限度以下のものは安定なものと考えられるが，限度以上のものでもその骨材を用いてつくったコンクリートの耐久性実験，あるいは凍結融解試験の結果によって使用の可否を判断することになっている。

また，大部分の骨材はコンクリート内部において化学的に安定であるが，ごく一部に骨材中に含まれる鉱物の中には化学的に不安定なものがあり，コンクリートの耐久性に重大な影響を及ぼすものがある。アルカリ骨材反応はその典

図 7.5 骨材の含水状態

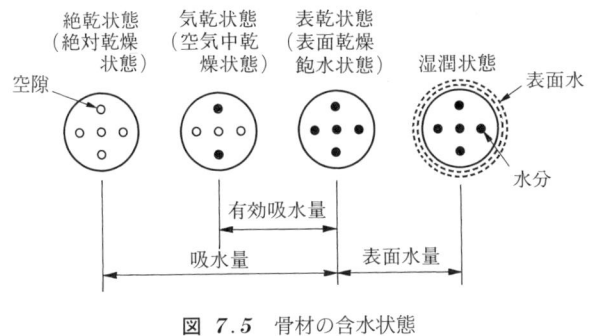

型的なものである。

〔2〕 **骨材の含水状態と吸水率**　骨材の含水状態は，気象条件やそれが置かれている場所や条件により，大きく変化する。**図 7.5** にこの状態の分類を示す。

(1) **絶対乾燥状態（絶乾状態）**（oven dry condition）　乾燥器内で 110℃ を超えない温度で定重量となるまで乾燥した状態

(2) **空気中乾燥状態（気乾状態）**（room dry condition）　骨材粒の表面は乾燥していて内部も一部乾燥している状態

(3) **表面乾燥飽水状態（表乾状態）**（saturated surface dry condition）　骨材粒の表面に水分はなく，内部の空隙が水で満たされている状態

(4) **湿潤状態**（wet condition）　骨材粒の内部が水で満たされ，かつ表面にも水が付着している状態。

含水率とは骨材粒に含まれるすべての水量の絶乾状態の骨材質量に対する百分率であり，吸水率とは表乾状態から絶乾状態の質量を差し引いた水量の絶乾状態の骨材質量に対する百分率である。**表面水率**（surface moisture）とは骨材粒の表面に付いている水量の表乾状態に対する百分率である。骨材の状態による表面水率のおおよその値を示すと**表 7.5** のようになる。

骨材の吸水率は，石質によってかなり異なり，一般的に密度の大きい骨材は吸水率は小さい。

〔3〕　**密　　度**　図 7.5 に示すように，骨材粒子はその内部に空隙を

表 7.5 骨材の表面水率の近似値

骨材の状態	表面水率〔%〕
湿った砂(にぎっても形はくずれず,手の平にわずかに湿りを感ずる)	0.5〜2
普通にぬれた砂(にぎると形を保ち,手の平にわずかに水分がつく)	2〜4
非常にぬれた砂(にぎると手の平がぬれる)	5〜8
ぬれた砂利または砕石	1.5〜2

もっている。したがって空隙を入れるか否か,また空隙の中に水が存在するか否かによって骨材密度は異なる。また,骨材中の空隙部分を除外した密度が問題になることもある。通常コンクリート用骨材としての密度は,表面乾燥飽水状態における密度が用いられる。

$$表乾密度:\rho_s = \frac{表乾質量}{表乾状態の容積} \qquad (7.3)$$

$$絶乾密度:\rho_D = \frac{絶乾質量}{表乾状態の容積} \qquad (7.4)$$

軽量骨材の場合には,吸水を完全に行うことがきわめて難しいので,絶乾密度が多く使われる。

コンクリートに用いられる普通骨材の表乾密度は,細骨材で2.50〜2.65 g/cm³,粗骨材で2.55〜2.70 g/cm³の範囲にあり,一般に比重の大きいものは密実で吸水量が小さく,耐久性が大である。

7.2.3 骨材の粒度,粒形および粗骨材の最大寸法

〔1〕 粒度,粒形　骨材の粒度(grading)とは骨材の大小粒が混合している割合をいう。この割合の適当なものはコンクリートのワーカビリティーが良好となり,反対に粒度が適当でないものは流動性が悪く,分離しやすいコンクリートとなる。

粒度は,ふるい分け試験(sieve analysis test, JIS A 1102)によって求め,その結果を図7.6に示すように折線で表し,この折線を粒度曲線(grading curve)という。この場合,ふるいの寸法を示す横軸には,ふるい目の開き目が順次2倍であるふるい寸法を等間隔にとるのが普通である。

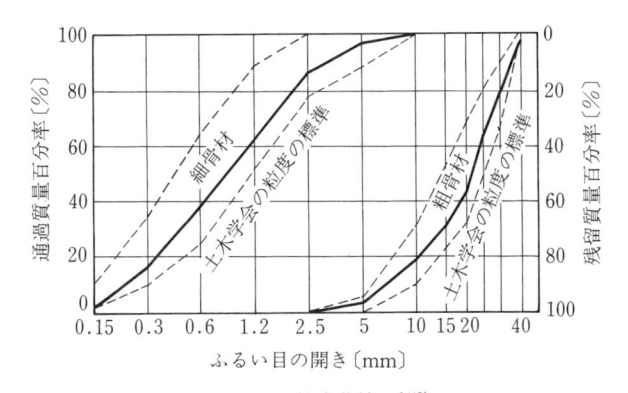

図 7.6 粒度曲線の例[3]

骨材の粒度は粒度曲線で表すのが最も正確であるが，別な指標に**粗粒率**（FM：fineness modulus）がある。これは 80, 40, 20, 10, 5, 2.5, 1.2, 0.6, 0.3, 0.15 mm の各ふるいにとどまる骨材の質量百分率を 100 で割った値である。粗粒率の計算例を**表 7.6** に示す。粗粒率は，0.15 mm の最小ふるい目から数えた番号のふるい目に留まる重み付き平均値を意味する。したがって，FM が 3 とは，この細骨材の平均の粒の大きさが小さい方から 3 番目のふるい目の 0.6 mm であることを意味している。

表 7.6 粗粒率の計算例

ふるい	各ふるいに残留するものの質量百分率[%]		
[mm]	細骨材の場合	粗骨材の場合	混合骨材の場合
0.15	98	100	99
0.3	77	100	98
0.6	59	100	86
1.2	30	100	72
2.5	17	100	64
5.0	2	96	58
10.0	0	82	35
20.0	0	50	11
40.0	0	0	0
合計	283	728	523
粗粒率	2.83	7.28	5.23

なお，粗粒率がそれぞれ s, g の細骨材および粗骨材を質量比 $m:n$ の割合で混合した骨材の粗粒率 k は次式で求められる。

$$k = \frac{m}{m+n}s + \frac{n}{m+n}g \qquad (7.5)$$

1本の粒度曲線には，ただ一つの粗粒率が存在するが，一つの粗粒率には無数の粒度曲線が考えられる。したがって，粗粒率は粒度を完全に表す指数ではない。しかし，同一産地から採取した骨材の粒度の均等性の判断やコンクリートの配合設計などに用いられる。

細骨材の粗粒率は，一般に 2.3〜3.4，粗骨材は 6〜8 の間にあるものが多い。

骨材の適性粒度は，粒形，表面状態，コンクリートの配合などによって異なり，これを一律に規定することはできない。しかし，実験上，経験上から一般的な粒度範囲の標準を求めることはできるので，土木学会では細粗骨材それぞれについて**表 7.7，7.8** のように定めている。この範囲の粒度をもつ骨材を用いれば，通常所要の品質のコンクリートを経済的につくることができるという範囲を示したものであり，この範囲をはずれた骨材は決して用いてはならないというわけではない。

表 7.7　細骨材の粒度の標準（示方書）[8]

ふるいの呼び寸法〔mm〕	ふるいを通るものの質量百分率	ふるいの呼び寸法〔mm〕	ふるいを通るものの質量百分率
10.0	100	0.6	25〜65
5.0	90〜100	0.3	10〜35
2.5	80〜100	0.15	2〜10*
1.2	50〜90		

*　砕砂あるいはスラグ細骨材を単独に用いる場合には，2〜15 % にしてよい。

骨材の粒形（shape of aggregate particles）は，丸味をもった球形に近いものが望ましい。粒形が角ばっている場合，細長い場合，あるいは扁平(へんぺい)な場合は丸味をもった粗骨材を使用した場合に比べてコンクリートのワーカビリティーが悪くなるため，**図 7.7，7.8** に示すように，砂の多い配合にしなければならず，その結果セメントおよび水の単位量が増大する。また，鉄筋コンクリート部材においては，扁平な骨材や細長い骨材は鉄筋と鉄筋の間にまたがって，その下のコンクリートに水隙や空隙が生じるおそれもある。

7.2 骨材および水

表 7.8 粗骨材の粒度の標準（示方書）[8]

粗骨材の大きさ [mm]	ふるいの呼び寸法 [mm] ふるいを通るものの質量百分率									
	60	50	40	30	25	20	15	10	5	2.5
50～5	100	95～100	—	—	35～70	—	10～30	—	0～5	—
40～5	—	100	95～100	—	—	35～70	—	10～30	0～5	—
30～5	—	—	100	95～100	—	40～75	—	10～35	0～10	0～5
25～5	—	—	—	100	95～100	—	30～70	—	0～10	0～5
20～5	—	—	—	—	100	90～100	—	20～55	0～10	0～5
15～5	—	—	—	—	—	100	90～100	40～70	0～15	0～5
10～5	—	—	—	—	—	—	100	90～100	0～40	0～10
50～25*	100	90～100	35～70	—	0～15	—	0～5	—	—	—
40～20*	—	100	90～100	—	20～55	0～15	—	0～5	—	—
30～15*	—	—	100	90～100	—	20～55	0～15	0～10	—	—

* これらの粗骨材は，骨材の分離を防ぐために，粒の大きさ別に分けて計量する場合に用いるものであって，単独に用いるものではない。

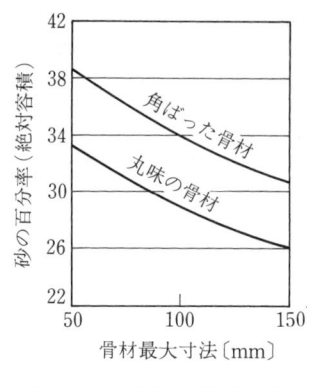

図 7.7 粒形と所要砂量[13]

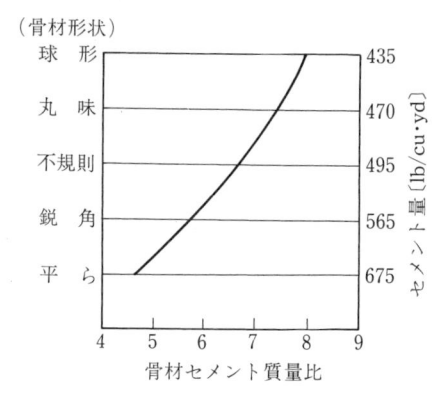

図 7.8 骨材形状と所要セメント量[13]

〔2〕 **粗骨材の最大寸法**　粗骨材の最大寸法 (maximum size of coarse aggregate) とは，質量で少なくとも90％が通るふるいのうち，最小のふるい目の開きで示される骨材の寸法をいう。粗骨材の最大寸法が大きいほど，所要の品質のコンクリートを得るための単位水量および単位セメント量を減らすことができる。**図 7.9** は粗骨材の最大寸法が変化すると，一定の水セメント比とスランプを有するコンクリートをつくるのに必要な各材料がどのように変化するかを示したものである。この図より，粗骨材の最大寸法が大きくなるほどコンクリート中に占める骨材の絶対容積が増加することがわかる。したがって，できるだけ粗骨材の最大寸法を大きくすることによって，単位セメント量および単位水量を減らすことができるので，経済的で，さらに乾燥収縮が少なく耐久性の大きいコンクリートをつくることができる。一方，粗骨材の最大寸法が大きすぎると，コンクリートの練混ぜや取り扱いが困難となり，分離が生じやすくなる。また，部材の寸法が小さかったり，形状が複雑な場合，あるいは鉄筋が密に配置されている場合には，打設後のコンクリートが均質とならないことがある。したがって，粗骨材の最大寸法は，以上述べた利害得失を考慮して選ぶ必要がある。参考として，RC示方書では，**表 7.9** に示すように，粗骨材の最大寸法の標準値を設けている。

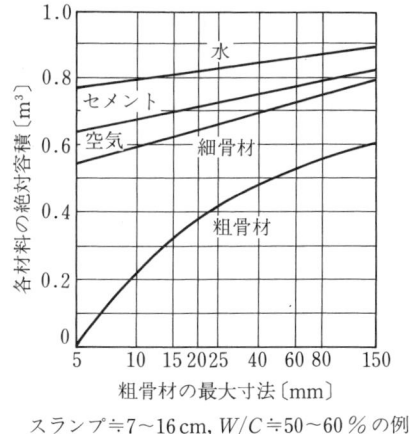

表 7.9　粗骨材の最大寸法[8]

構造物の種類	粗骨材の最大寸法[mm]
一般の場合	20 または 25
断面の大きい場合	40
無筋コンクリート	40

無筋コンクリートの場合,部材最小寸法の 1/4 を超えてはならない

スランプ≒7〜16cm, W/C≒50〜60% の例

図 7.9　コンクリート 1 m³ 中の各材料の絶対容積[13]

7.2.4　単位容積質量,実積率および空隙率

骨材の単位容積質量(unit weight)とは,1 m³ の骨材の質量をいい,骨材の比重,粒形,粒度,含水量,容器の形状と大きさ,容器の詰め方などによって値は異なる。この値は骨材の**空隙率**(percentage of voids),コンクリートの配合設計,現場における骨材計量などに必要となる。

標準方法(JIS A 1104)で測定した単位容積質量のだいたいの値は,普通骨材の細骨材で 1 450〜1 700 kg/m³,粗骨材で 1 550〜1 850 kg/m³ である。また細粗混合骨材では 1 780〜2 000 kg/m³ となる。

骨材の単位容積中に含まれる空隙の割合を百分率で表したものを空隙率といい,これに対し骨材の実積部分の割合を**実積率**(percentage of solids)という。

いま,空隙率を v [%],実積率を d [%],骨材の比重を ρ,単位容積質量を w [kg/m³] とすると

$$d\,[\%] = \left(\frac{w}{\rho}\right) \times 100 \tag{7.6}$$

$$v\,[\%] = \left(\frac{1-w}{\rho}\right) \times 100 = 100 - d \tag{7.7}$$

で表される。この実積率が大きいほど骨材の形状がよく，かつ粒度分布が適当であると判断される。実積率が大きいと，セメントペースト量を少なくできるので，乾燥収縮および水和熱を減じ，経済的に所要のコンクリート強度が得られるばかりでなく，コンクリートの密度，すりへりに対する抵抗性，水密性，耐久性が増大する。

7.2.5 骨材中の有害物

骨材中に含まれる**有害物**（deleterious substance）とは，ごみ，粘土塊，雲母質物質，石炭・亜炭，腐植土などの有機物および塩化物などで，モルタルやコンクリートの強度，耐久性，安定性などに有害な物質をいう。土木学会では有害物含有量の限度として**表 7.10** を与えている。

表 7.10 骨材の有害物含有量の限度の標準(質量百分率)(示方書)[8]

(a) 細骨材

種　類	最大値 [%]
粘土塊	1.0
微粒分量試験で失われるもの 　コンクリートの表面がすりへり作用を受ける場合 　その他の場合	 3.0 5.0
石炭，亜炭などで密度 1.95 g/cm^3 の液体に浮くもの 　コンクリートの外観が重要な場合 　その他の場合	 0.5 1.0
塩化物(塩化物イオン量)	0.04

(b) 粗骨材

種　類	最大値 [%]
粘土塊	0.25
微粒分量試験で失われるもの	1.0
石炭，亜炭等で密度 1.95 g/cm^3 の液体に浮くもの 　コンクリートの外観が重要な場合 　その他の場合	 0.5 1.0

〔1〕 **微細物質**　骨材中に含まれる微細物質とは，シルト，粘土，雲母類，石粉などである。これらの微細物質が多いと単位水量が増加し，これらの物質がコンクリート上面に浮かんで弱い層をつくる。また，微細物質が骨材表面に付着しているときは，骨材とセメントペーストとの付着が阻害される。さ

らに，塊になっていると乾湿あるいは凍結融解などによってコンクリートの耐久性が低下する原因となる。しかし，シルト，粘土，石粉などが多量でなく，分散していれば，コンクリートのブリーディングを減少させ，ワーカビリティーを改善させる効果がある。特に，貧配合コンクリートの場合にその効果が大きく，石粉が混入する場合には石灰質やケイ酸質は効果が大きく，粘土質のものは効果が小さい。

比重1.95の液体に浮かぶようなシェル，石炭，亜炭などは，脆弱であるのでコンクリートの強度上の弱点となる。また，シェルは凍結融解作用を受けると吸水膨張し，コンクリートの表面はく離の原因となる。

〔2〕 **塩　　分**（salt impurities）　鉄筋コンクリート構造物中にある限度以上の塩化物が含まれると，鉄筋の腐食を引き起こす。コンクリート中に混入する塩化物の大半は細骨材から供給される。塩化物を含む可能性のある細骨材としては，海砂や海砂を含む混合砂があげられる。したがって，コンクリート中の塩化物含有量を鉄筋の腐食を引き起こさない限度以下に制限する必要がある。

土木学会（昭和61年）では，鉄筋コンクリート構造物に用いる海砂の塩分含有量の許容限度として，一般のRC構造物ではNaCl換算で0.1％（塩素イオン質量で0.06％），PCプレテンション部材では0.03％（塩素イオン質量で0.02％）と規定している。

〔3〕 **有機不純物**（organic contamination）　腐植土，泥炭などの中にはフミン酸を含み，これがセメント中の石灰と化合して石灰フミン酸石けんを生成し，セメントの水和作用を阻害し，はなはだしいときには硬化しないこともある。

砂の有機不純物の有害量は，JIS A 1105の細骨材の有機不純物試験によって判定する。しかし，この試験は，天然砂中の有機物含有量の概略値を示すだけであるから，有機不純物試験で不合格となった細骨材については，「モルタルの圧縮強度による砂の試験」（JIS A 5308附属書）を行って使用の可否を判定する。

7.2.6 アルカリ骨材反応

アルカリ骨材反応（alkali aggregate reaction）とは，Na_2O，K_2O などのアルカリ含有量の高いセメントを用いた場合，水和によって生じた水酸化アルカリ（NaOH，KOH）とある種の骨材中のシリカ鉱物（アルカリ反応性鉱物）とが化学反応を起こし，アルカリシリケートをつくり，これが水分を吸収して膨張し，コンクリートにひび割れを起こすことである。

アルカリ骨材反応の種類は，現在のところつぎの三つに分類される。

① アルカリシリカ反応（ASR と略記）
② アルカリ炭酸塩岩反応
③ アルカリシリケート反応

②は岩石（鉱物）が限定されており，また③は発生した地域が限定されているので，一般的にアルカリ骨材反応といわれているのは①のアルカリシリカ反応を指す。わが国の被害例も，いまのところほとんどアルカリシリカ反応といわれている。

アルカリシリカ反応によってコンクリート中に膨張圧を発生する機構については，種々の説があるが，基本的にはつぎの化学式で進行することがわかっている。

$$SiO_2 + 2NaOH + nH_2O \rightarrow Na_2H_2SiO_4 \cdot nH_2O \qquad (7.8)$$
（反応性シリカ）（アルカリ）　（水）　　（ケイ酸ソーダ）

アルカリシリカ反応を起こしやすい鉱物としては，クリストバライト，トリジマイト，オパール，玉髄，火山性ガラスなどである。これらの鉱物を含む可能性のある岩石としては，安山岩，流紋岩，砂岩，チャートなどである。

アルカリ骨材反応の有無に関する試験方法としては，ASTM および JIS 規格の化学法，モルタルバー法による膨張試験などがある。

わが国では，アルカリシリカ反応によるコンクリートの劣化の防止対策として，つぎの四つのいずれかを勧めている。

① 安全と認められる骨材の使用（化学法またはモルタルバー法による試験で判定）

② 低アルカリ形セメントの使用（JIS R 5210 に規定するセメント）
③ コンクリート中のアルカリ総量を規制(総アルカリ量 $Na_2O < 3.0 \text{ kg/m}^3$)
④ 混合セメントなどの使用（高炉スラグセメントまたはフライアッシュセメントなど）

7.2.7 各種骨材とその特徴

〔**1**〕 **砕石および砕砂**　　近年，河川産の骨材は環境保全と資源の枯渇から採取が厳しく規制され，現在ではほとんど使用されていない。それに代って，多く用いられるようになったのが砕石である。

　岩石を砕いて粒度調整された砕石は，その原石が十分強硬で耐久的であれば，良品質の河川産粗骨材と同様と考えてよい。しかし，砕石は一般に特有の角ばりや表面組織の粗さが原因で，同じワーカビリティーのコンクリートを得るためには，単位水量や細骨材率を増加させる必要がある。したがって，砕石を使用して経済的な良質のコンクリートを製造するには，その形状の良否について検討することが重要である。JIS A 5005（コンクリート用砕石）においては，実績率によって骨材の良否を判定することが規定されている。例えば，最大寸法 20 mm の砕石では，実積率は 55 ％ 以上でなければならないと規定している。

　また，砕砂についても，砕石同様天然産細骨材の枯渇とともに，その使用量は急激に増加している。砕砂粒子の形状がコンクリートのワーカビリティーに及ぼす影響は砕石の場合と同様であり，角ばりがなく，細長い粒子または扁平な粒子の少ないものがよい。JIS A 5004（コンクリート用砕砂）によると，砕砂の実積率は 53 ％ 以上でなければならないと規定している。さらに，砕砂をコンクリート用として使用するときは，製造時に混入する石粉の量が問題となる。適度の石粉の混入は，コンクリートのワーカビリティーの改善に役立つが，過度の混入はコンクリートの単位水量を増加させ，乾燥収縮量が大きくなったり，耐久性が低下する。それで，JIS A 5004 では，洗い試験（JIS A 1103）で失われる微粉末の量は 7 ％ 以下と規定している。

〔2〕 海　砂　　海底，海浜，河口などから採取される砂は，水洗いをしなければかなりの量の塩化物を含んでいる。塩化物含有量が，表 7.10 に規定されている許容量を超えている場合には鉄筋を錆びさせるおそれがあるので，水洗いなどによる十分な除塩処理が必要である。また，海砂中に含まれる塩化ナトリウムはアルカリ骨材反応を促進させるので注意が必要である。

また，海砂には貝がらを混入している場合があるが，少量であれば特に問題になることはない。海砂は採取場所によって粒度分布が適当でない場合があるので，そのようなときには粒度調整を行う。

〔3〕 軽量骨材　　軽量骨材には，人工軽量骨材，天然の火山れきなどがあるが，構造用軽量骨材として，現在わが国で使用されているのは，ほとんどが膨張頁岩，膨張粘土，フライアッシュなどを主原料として焼成される人工軽量骨材である。骨材の内部は多孔質で表面はガラス質の皮膜で覆われた構造であり，細骨材の場合絶乾比重が 1.8 未満，粗骨材の場合絶乾比重が 1.5 未満のものをいう。人工軽量骨材に関しては，JIS A 5002 において比重，実績率，コンクリートの圧縮強度，コンクリートの単位容積質量によって区分されている（表 7.11～14）。

呼び名は「人工軽量骨材」

　　　M　　A　　4　　17
　　（比重）（粒形）（強度）（質量）

表 7.11　骨材の絶乾密度による区分[7]

区分	絶乾密度〔kg/l〕	
	細骨材	粗骨材
L	1.3 未満	1.0 未満
M	1.3 以上　1.8 未満	1.0 以上　1.5 未満
H	1.8 以上　2.3 未満	1.5 以上　2.0 未満

表 7.12　骨材の実績率による区分[7]

区分	モルタル中の細骨材の実績率〔%〕	粗骨材の実績率〔%〕
A	50.0 以上	60.0 以上
B	45.0 以上　50.0 未満	50.0 以上　60.0 未満

表 7.13 コンクリートの圧縮強度による区分[7]

区分	圧縮強度〔N/mm²〕
4	40 以上
3	30 以上　40 未満
2	20 以上　30 未満
1	10 以上　20 未満

表 7.14 コンクリートの単位容積質量による区分[7]

区分	単位容積質量〔kg/l〕
15	1.6 未満
17	1.6 以上　1.8 未満
19	1.8 以上　2.0 未満
21	2.0 以上

などとする。

　示方書では，土木構造物に用いる軽量骨材は細骨材，粗骨材とも人工軽量骨材 MA 417 または MA 317 と規定しており，国産の頁岩系人工軽量骨材は，すべて MA 417 に区分される。

　現在わが国では，原材料を微粉砕することによって得られる粉末を造粒し焼成して製造される造粒形と，単に粗く破砕したものを焼成した非造粒形が製造，市販されている。このほか，非造粒形と同様な過程によって製造されるが，焼成後粗く破砕されるものとして破砕形がある。

〔4〕 **スラグ骨材**　高炉スラグ粗骨材は，溶鉱炉で銑鉄製造のときに生じる溶融スラグを徐冷，凝固させた後，破砕したものである。高炉スラグ粗骨材は冷却方法，破砕過程の違い，その他によっては骨材として不適当なものもある。コンクリート用粗骨材として使用される高炉スラグ粗骨材については，JIS A 5011「コンクリート用スラグ骨材」に規定されており，絶乾比重，吸水率，単位容積質量によって 2 種類に区分されている。

　また，高炉スラグ細骨材は溶融スラグを水で急冷させて製造したものである。高炉スラグ細骨材は，細骨材として単独に用いることもあるが，実際には粒度調整，塩化物含有量の低減その他の目的で，海砂や山砂等の普通骨材の 20〜60％ を高炉スラグ細骨材で置換して用いられることが多い。高炉スラグ

細骨材については，JIS A 5011「コンクリート用スラグ細骨材」に規定されており，粒度に応じて4種類に区分されている。また，フェロニッケルの製造過程で生じる溶融スラグを冷却，破砕してコンクリート用細骨材としたものがフェロニッケルスラグ細骨材である。フェロニッケル細骨材についても，高炉スラグ細骨材と同様，海砂や山砂と混合して用いられる場合が多く，JIS A 5011に粒度によって4種類に区分されている。

7.2.8 水

一般に，練混ぜ水としては上水道水，河川水，湖沼水，地下水，工業用水などが使用される。上水道水はそのまま練混ぜ水として使用しても問題はないが，工場排水および都市下水等によって汚染された河川水，湖沼水等には，硫酸塩，ヨウ化物，リン酸塩，ホウ酸塩，炭酸塩や鉛，亜鉛，銅，錫，マンガン等の無機物ならびに糖類，パルプ廃液，腐食物質等の有機不純物が含まれていることがあり，これらの物質が微量でも含まれている水を練混ぜ水として使用すると，コンクリートの凝結硬化，強度発現，体積変化，ワーカビリティー等に悪影響を及ぼすことがある。また，練混ぜ水に塩化物や硝酸塩，硫酸塩等を含む水を用いると鋼材の腐食を促進するおそれがある。したがって，上水道水以外の水の場合には，JSCE-B 101「コンクリート用練混ぜ水の品質規格（案）」の規定に適合するもの，または JIS A 5308「レディーミクストコンクリートの練混ぜに用いる水」の規定に適合するものとして，**表 7.15** を与えている。海水は一般に練混ぜ水として使用できないが，用心鉄筋を配置しない無筋コンクリートには海水を用いてもよい。しかし，海水を使用すると，長期材齢におけるコンクリートの強度増進が小さくなること，耐久性が小さくなる傾向があること，エフロレッセンスが生じやすいこと，などの実験結果もあるので，注意が必要である。

表 7.15 上水道水以外の練混ぜ水の品質 (JIS A 5308)[3]

項　　目	品　　質
懸濁物質の量	2 g/l 以下
溶解性蒸発残留物の量	1 g/l 以下
塩化物イオン(Cl^-)量	200 ppm 以下
セメントの凝結時間の差	始発は 30 分以内, 終結は 60 分以内
モルタルの圧縮強さの比	材齢7日および材齢28日で90%以上

　また，コンクリートプラントやプレキャストコンクリート工場において，ミキサあるいはトラックアジテータ等を洗った排水の上澄み水は，コンクリートの強度，ワーカビリティー等に悪い影響がなければ，練混ぜ水として使用できる。また，余りのコンクリートまたはモルタルから骨材を回収したセメント等の微粉末が懸濁しているスラッジ水は，コンクリートに悪影響のないことを確かめたうえで，懸濁濃度，懸濁物質の単位セメント量に対する割合等を十分管理できるものであれば，この水を練混ぜ水として使用することができる。ただし，回収水の中には塩化物やアルカリが含まれているので，使用にあたってこれらの濃度についても考慮することが必要である。

7.3　混　和　材　料

7.3.1　概　　　要

　混和材料（admixture）とは，セメント，水，骨材以外の材料で，コンクリートの物理的または力学的な性質を改善したり，耐久性を向上させたり，さらにコンクリートの新たな性能を付与するために使用される材料である。

　混和材料は，その使用量の多少に応じて，混和材と混和剤に分類されており，使用されているものを，機能別に分類すれば**表 7.16** のようになる。

表 7.16 混和材料の分類（示方書）[3]

混和材	
①ポゾラン活性が利用できるもの	フライアッシュ，シリカフューム，火山灰，ケイ酸白土，けい藻土
②主として潜在水硬性が利用できるもの	高炉スラグ微粉末
③硬化過程において膨張を起こさせるもの	膨張材
④オートクレーブ養生によって高強度を生じさせるもの	ケイ酸質微粉末
⑤着色させるもの	着色材
⑥流動性を高めたコンクリートの材料分離やブリーディングを減少させるもの	石灰石微粉末
⑦その他	高強度用混和材，間隙充填モルタル用混和材，ポリマー，増量材など
混和剤	
①ワーカビリティー，耐凍害性などを改善させるもの	AE剤，AE減水剤
②ワーカビリティーを向上させ，所要の単位水量および単位セメント量を減少させるもの	減水剤，AE減水剤
③大きな減水効果が得られ，強度を著しく高めることも可能なもの	高性能減水剤
④所要の単位水量を著しく減少させ，耐凍害性も改善させるもの	高性能AE減水剤
⑤配合や硬化後の品質を変えることなく，流動性を大幅に改善させるもの	流動化剤
⑥粘性を増大させ，水中においても材料分離を生じにくくさせるもの	水中不分離性混和剤
⑦凝結，硬化時間を調節するもの	促進剤，急結剤，遅延剤，打継用遅延剤
⑧気泡の作用により充填性を改善したり質量を調節するもの	起泡剤，発泡剤
⑨増粘または凝集作用により，材料分離を制御させるもの	ポンプ圧送助剤，分離低減剤
⑩流動性を改善し，適当な膨張性を与えて充填性と強度を改善するもの	プレパックドコンクリート用混和剤，高強度プレパックドコンクリート用混和剤，間隙充填モルタル用混和剤
⑪塩化物による鉄筋の腐食を制御させるもの	鉄筋コンクリート用防錆剤
⑫その他	防水剤，防凍剤，耐寒剤，乾燥収縮低減剤，水和熱抑制剤，粉塵低減剤など

7.3.2 混和材

〔1〕フライアッシュ　フライアッシュ (fly ash) とは，火力発電所などの微粉炭燃焼ボイラーから出る廃ガス中に含まれている灰の微粉粒子を集じん機で捕集したものである。フライアッシュは人工ポゾランの一種で，図 7.10 に示すように表面がなめらかな球形粒子からなっている。これをコンクリートに使用すると，球形粒子はボールベアリングの作用をし，コンクリートのワーカビリティーは改善され，使用水量を減らすことができる。また，長期材齢強度が大きく，水和熱が低減でき，水密性に優れ，容積変化の少ないコンクリートをつくることができる。さらにフライアッシュの利用はセメントの節約にもつながり，省資源，省エネルギー，環境保全の観点からも重要である。しかし，フライアッシュの品質は，微粉炭の品質，燃焼方法等により，かなりのばらつきが生じるので JIS A 6201 に適合するものを用いることが必要である。

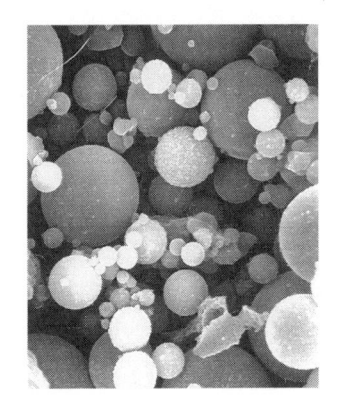

図 7.10　フライアッシュの拡大写真

〔2〕シリカフューム　シリカフューム (silica fume) は，フェロシリコンおよび金属シリコンを製造するときに発生する平均粒径 0.1〜0.2 μm 程度，比表面積が約 20 m^2/g の非晶質の球形の超微粒子である。主成分は，二酸化ケイ素 (SiO_2) で，セメントの水和によって生じる水酸化カルシウムと反応し，カルシウムシリケート水和物を生成する活性ポゾランである。セメントの一部として置換すると，通常のコンクリートに比べ，材料分離が生じにくい，

強度増加が著しい，水密性や化学抵抗性が向上する，アルカリシリカ反応を抑制するなどの効果がある．その反面，粒子がセメント粒子より細かいため単位水量が増加するので，高性能 AE 減水剤との併用と振動締固めを十分行うことが必要である．

〔3〕 **高炉スラグ微粉末** 　高炉スラグ微粉末（blast furnace slag fine powder）は，製鉄所の高炉で銑鉄をつくる際にできる溶融スラグを，水または空気によって急冷した水砕を，適切な粒度に微粉砕したものである．

高炉スラグ微粉末を用いたコンクリートの特性は，ワーカビリティーの改善，長期強度の増進，水和熱の減少，水密性の増大，硫酸塩や海水などに対する化学抵抗性の改善，アルカリシリカ反応の抑制，などが挙げられる．これらの効果を得るためには，JIS A 6206（コンクリート用高炉スラグ微粉末）に適合したものを使う必要がある．粉末度の違いにより，高炉スラグ微粉末 4 000，6 000 および 8 000 の 3 種類がある．

〔4〕 **膨張材** 　膨張材（expansive admixture）とは，セメント，水とともに練混ぜた場合，水和作用によってエトリンガイトまたは水酸化カルシウムなどを生成し，モルタルまたはコンクリートを膨張させる作用のある混和材である．膨張材を適切に用いることにより，コンクリートの乾燥収縮によるひび割れの発生を低減したり，ケミカルプレストレスを導入してひび割れ耐力を向上できるなどの効果がある．前者は，橋梁の支承の据付け，機械の台座などのグラウト用に利用したり，コンクリート部材の乾燥収縮を減じてひび割れ発生を防ぐ目的に，後者はポール，パイルなどのプレキャスト製品に応用されている．このほか，無収縮グラウト用として鉄粉の発錆を利用した膨張材がある．なお，コンクリート用膨張材は，JIS A 6202（コンクリート用膨張材）に適合するものを使わなければならない．

7.3.3 混 和 剤

〔1〕 **A E 剤** 　AE 剤（air entraining agent）は，界面活性剤の一種で，コンクリート中に微細な独立した気泡（直径 0.025〜0.25 mm）を一様に

分布させるために用いる材料をいう．界面活性剤とは，溶液中で気体と液体，液体と液体，液体と固体の界面に吸着し，界面の性質を著しく変えるもので，その働きにより起泡，分散，湿潤，乳化などの性質を付与するものである．AE 剤は陰イオンまたは非イオン系界面活性剤であって，起泡作用が特に優れているものである．AE 剤により生じた空気を**エントレインドエア**（entraind air），このコンクリートを AE コンクリートという．AE コンクリートとすることでコンクリートのワーカビリティーは大幅に改善され，凍結融解に対する抵抗性が著しく向上するが，強度は多少減少し，収縮および透水性は若干増大する傾向にある．しかしワーカビリティーが改善され，単位水量が減少するので，一定スランプとした場合，空気量の存在によるマイナス面がある程度相殺され，一般に，スランプ，セメント量を一定にした場合，強度，収縮および水密性は，AE 剤を用いない場合とほぼ同等といえる．

〔2〕 **減水剤・AE 減水剤**　　減水剤（water reducing agent）は，セメント粒子を分散させることにより，コンクリートの単位水量を大幅に減少させ，セメントの効率を上げる混和剤である．最近では，AE 剤を添加し，**AE 減水剤**（air entraining water reducing agent）として使用されているのが一般的である．

減水剤は陰イオン系のものと非イオン系のものがある．一般に，セメントのような粉体と水が混合かくはんされたペースト中のセメント粒子は凝集力により，その 10～30 ％ はフロックを形成している．イオン系減水剤は，フロック状のセメント粒子表面に吸着し，セメント粒子を負に帯電させ，互いに粒子を反発させ分散させる．非イオン系減水剤はセメント粒子表面に吸着し，セメントと水との付着力を水の凝集力より大とし，セメント粒子をよくぬらし，セメントペーストの軟度を増す．

リグニンスルホン酸塩系およびオキシカルボン酸系の減水剤はイオン系であり，アルキルアリルエーテルおよびエステルなどは非イオン系である．

〔3〕 **高性能減水剤および流動化剤**　　作用原理は通常の減水剤と基本的に同じであるが，**高性能減水剤**（high range water reducing agent）は通常の減

水剤より減水率がはるかに大きく，さらに高い添加率で使用してもコンクリートの凝結遅延性や過剰な空気連行性および強度低下などの悪影響をもたらさない減水剤である．したがって高性能減水剤の多量使用による減水効果により，所要のワーカビリティーを保ちながら水セメント比を大幅に低減し，水セメント比 30 % ないしはそれ以下とすることができる．

　流動化剤（super plasticizer）とは比較的硬練りのベースコンクリートに高性能減水剤を添加し，コンクリートの品質を損うことなく，流動性のみを増大し，施工性を改善させる目的で使用される混和剤である．流動化剤は JSCE-D-101「コンクリート用流動化剤規格」に適合するものを用いる．

　高性能減水剤はナフタリンスルホン酸縮合物，メラミンスルホン酸縮合物，オキシカルボン酸塩等がある．

〔4〕 高性能 AE 減水剤　高性能 AE 減水剤（high range air entraining water reducing agent）は，それ自体が空気連行性を有するとともに，通常の AE 減水剤よりも高い減水性を有し，スランプロスも小さいところに特徴がある．

　高性能 AE 減水剤は高性能減水剤に徐放剤を添加したものと立体障壁作用をもつ水溶性高分子の 2 種がある．前者はナフタリンスルホン酸縮合物などの高性能減水剤に徐放剤を添加したものである．徐放剤は顆粒状の分散剤であって，水には溶けないがアルカリ溶液で徐々に分散効果を増進し，スランプロスを少なくする．後者はポリカルボン酸塩系やアミノカルボン酸塩系の水溶性高分子である．これらはセメント粒子表面に吸着し，粒子のまわりに立体的な吸着層を形成し，静電気的にセメント粒子を分散してペーストの流動性を増す．そして立体吸着層において，セメント粒子表面からやや離れた位置に分布する高分子はセメントの水和の進行に伴う水和物による粒子表面被覆作用から守られるので，電荷の低下が緩和され，その結果分散性は長時間保持される．高性能 AE 減水剤を用いることにより，スランプロスのほとんどないコンクリートをつくりうることが可能で，レディーミクストコンクリートプラントで流動化剤を添加する方式（プラント添加方式）の流動コンクリートが可能となる．その結果，水セメント比の著しく小さい高強度コンクリートや高流動コンクリー

トが実用化されている。なお，高性能 AE 減水剤は JIS A 6204「コンクリート用化学混和剤」に適合するものを用いるものとする。

演 習 問 題

【1】 セメントの水硬性化合物（C_3S, C_2S, C_3A, C_4AF）の特性を比較せよ。

【2】 ポルトランドセメント（普通，早強，中庸熱）の化合物とおもな性質を比較せよ。

【3】 混合セメントの種類と特徴を述べよ。

【4】 セメントの風化について述べよ。

【5】 ポルトランドセメントの粉砕時に石膏を混入する目的を述べよ。

【6】 セメントの試験に標準砂を用いる理由を述べよ。

【7】 骨材を生産あるいは製造別に分類せよ。

【8】 骨材の含水状態について述べよ。

【9】 粗粒率（FM）について説明せよ。

【10】 粗骨材の最大寸法とはなにか。またそれがコンクリートの性質にどのような影響を及ぼすか説明せよ。

【11】 骨材の実積率および空隙率について説明せよ。またそれがコンクリートの性質とどのような関係があるかを述べよ。

【12】 粗粒率が3.25の砂Aと，2.10の砂Bとを混合して，粗粒率が2.70の砂をつくる場合，砂Aと砂Bの混合質量比をいくらにすればよいか。

【13】 問表 7.1 のような粒度の粗骨材の粗粒率を求めよ。また最大寸法は何 mm か。

問表 7.1

ふるい呼び寸法〔mm〕	50	40	30	25	20	15	10	5
各ふるいを通る重量百分率〔%〕	100	92	76	55	41	22	17	0

7. コンクリート用材料

【14】 アルカリ骨材反応について説明せよ。

【15】 コンクリートの練混ぜ水について述べよ。

【16】 コンクリート用混和材料とはなにか。またどのような目的で用いられるか説明せよ。

【17】 ポゾラン材料およびポゾラン反応について説明せよ。

【18】 高性能 AE 減水剤について説明せよ。

8

コンクリート

建設材料の中でも，コンクリートは鉄金属材料と並んで最も広く利用される材料である．構造用材料として単体での用途のみならず，鋼材と複合することや混和材料の活用でその用途は拡大している．現在ではコンクリートに対する要求が多岐にわたり，目的に応じた各種のコンクリートが開発されている．

8.1 コンクリート

コンクリート（concrete）とは，広義の意味では骨材が**ペースト**（**糊**）（paste）によって結合された複合材料のことであって，ペースト部分になにを用いるかによってセメントコンクリート，アスファルトコンクリート，ポリマーコンクリートといった呼ばれ方をする．しかし，その使用量が膨大であることもあって一般的にコンクリートといえばセメントコンクリートのことを指している．

コンクリートは**図** *8.1* のように骨材が約 70 % から 80 % を占め，残りをペーストおよび数 % の空気で構成されている．硬化後のコンクリートの強度や耐久性，水密性にはペーストの影響が大きいが，大部分を占める骨材の品質や粒度分布などの影響も大きい．ペーストは，セメントと水によって構成されているが，最近ではこれ以外に混和材料が混入され，ペーストの性質を改善することでコンクリート品質の改善や施工性の向上を行っている．さらにセメントペーストに高分子材料を混入したり，セメントペーストの代わりに合成樹脂を混入させるポリマーコンクリートや細骨材の一部を繊維で置換えた繊維補強

86   8. コンクリート

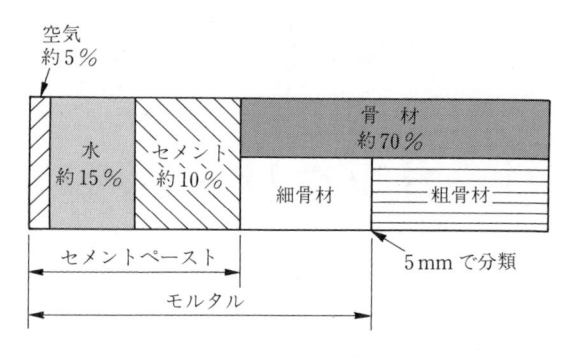

図 8.1 コンクリートの構成材料比率

コンクリートなど種々のコンクリートが開発されてきている。なお，ペーストに細骨材が混入されたものを**モルタル**（mortar）と呼んでいる。

　適切な設計と所定の製造条件を満足し，入念に施工されたコンクリートは，構造材料として優れた耐荷力と耐久性，耐火性をもつほか，経済的にも優れた材料である。コンクリートは，このような優れた性質を有するため多くの場所で使用されている。

　コンクリートが，練混ぜという製造工程を経て運搬，打込み，締固め，静置・養生といった一連の作業が終わるまでのコンクリートを**フレッシュコンクリート**（fresh concrete）といい，硬化後のコンクリートを**硬化コンクリート**（hardened concrete）という。硬化コンクリートのうちでも，材齢の若いコンクリートを**若材齢コンクリート**（early age concrete または green concrete）という。若材齢コンクリートは，施工とフレッシュコンクリートおよび設計と硬化コンクリートに関連付けられるために軽視される傾向にあるが，凝結硬化過程が耐久性に及ぼす影響が大きいため重視しておく必要がある。

8.2　フレッシュコンクリート

8.2.1　フレッシュコンクリートの性質

　所定の耐荷力を有し，欠陥のない，耐久性あるコンクリート構造物をつくる

ためには，フレッシュコンクリートの性質を熟知してコンクリートの製造およびコンクリート工事を行う必要がある。コンクリート工事においては，適度の施工性を有し，均質なコンクリートを鋼材周辺や型枠の隅々まで充填する必要がある。このためには，配合設計や施工計画において，フレッシュコンクリートの変形・流動性や材料分離抵抗性をどのように表現し，評価するかが重要になる。フレッシュコンクリートの性質を表すためにつぎのような用語がある。

1) **コンシステンシー**(consistency)　変形あるいは流動に対する抵抗性の程度で表されるフレッシュコンクリート，フレッシュモルタルまたはフレッシュペーストの性質。

2) **ワーカビリティー**(workability)　コンシステンシーおよび材料分離に対する抵抗性の程度によって定まるフレッシュコンクリート，フレッシュモルタルまたはフレッシュペーストの性質であって，運搬，打込み，締固め，仕上げなどの作業の容易さを表す。

3) **プラスチシティー**(plasticity)　容易に型に詰めることができ，型を取り去るとゆっくり形を変えるが，くずれたり，材料が分離したりすることがないような，フレッシュコンクリートの性質。

4) **フィニッシャビリティー**(finishability)　粗骨材の最大寸法，細骨材率，細骨材の粒度，コンシステンシー等による仕上げの容易さを示すフレッシュコンクリートの性質。

5) そのほかに，**ポンパビリティー**（pumpability）：ポンプによる打込みやすさの程度を示す性質で，材料分離や管内閉塞を起こすことなく所定の量を圧送できる性質，**モビリティー**（mobility）：可動性，**コンパクタビリティー**（compactability）：締固め性，等の用語を用いてフレッシュコンクリートの性質が表現されている。

8.2.2　コンクリートのワーカビリティー

定義に示されているように，ワーカビリティーはフレッシュコンクリートが均質な状態を保てる条件での作業性の難易を表している。ワーカビリティー

は，目的とするコンクリート工事によって評価指標が変わることになる。例えば一般のコンクリートに要求されるワーカビリティーの指標と舗装用の硬練りコンクリートの指標は違うはずである。フレッシュコンクリートのワーカビリティーに影響する因子は多いが，主たるものを挙げると，セメント，水量，空気量，混和材料，細骨材率，骨材の粒度分布，粗骨材の最大寸法および各材料の単位量，コンクリート温度等がある。

1) **セメント**　セメントペーストの粘性がワーカビリティーに影響を及ぼす。したがって，セメントの粉末度，種類，単位量，風化の程度等によって影響される。

2) **水　量**　単位水量が多くなるとコンクリートは軟らかくなるが，セメントの水和に必要な水量（余剰水量）が増えるため，材料分離や耐久性に影響する。

3) **空気量**　AE剤などによって連行された適当量のエントレインドエアを持つコンクリートは流動性が改善され単位水量を減ずることができる。

4) **混和材料**　化学混和剤の分散作用によってワーカビリティーは改善される。また，フライアッシュや高炉スラグ微粉末等のような混和材の混入もワーカビリティーの改善になる。

5) **骨　材**　細骨材に関しては，粗粒率が大きかったり細骨材率が小さいと材料分離の傾向が出てくる。粗骨材については，最大寸法が大きいほど流動性が増すが材料分離の傾向も増す。また粒形にも影響され，同一粗骨材量では，砕石は砂利よりも単位水量を増す必要がある。

8.2.3　ワーカビリティーの測定

コンシステンシーは，定義にあるようにフレッシュコンクリートの硬さや軟らかさの程度を表すため，コンクリートの製造や施工に関係する重要な性質である。これを，定量的に表すことができれば施工の精度や合理化に非常に有用であるが，現在のところでは，提案されている試験方法が複雑であったり大型の

装置を用いなければならず，またフレッシュコンクリートは各種の特性が複雑に関連しあっているため，現場で簡易に利用できる方法は確立されていない。

従来から用いられている試験方法の代表的なものを以下に示すが，各試験法によって感度よく測定できる範囲があるので，使用に際して注意を払うべきである。

〔*1*〕 **スランプ試験**（JIS A 1101） コンクリートのコンシステンシー試験として最も一般的に用いられている方法である。図 *8.2* に示す上部直径 10 cm，下部直径 20 cm，高さ 30 cm の円錐コーンにコンクリートを 3 層に詰め，コーンを引き上げた後の自重による沈下量を測りとるもので，この沈下量を**スランプ**（slump）という。スランプ試験では，コンシステンシー以外にモールドへの詰めやすさや，スランプ後のコンクリートに軽く外力を与えてやり（タッピング：tapping），その変形を観察することによってプラスティシティーや材料分離を推測することができる。高流動コンクリートや水中不分離性コンクリートのように流動性のあるコンクリートには，スランプ試験後の広がり径の平均を測りとって，**スランプフロー**（slump flow）と呼び，コンシステンシーの評価に利用している（JSCE-F 503）。

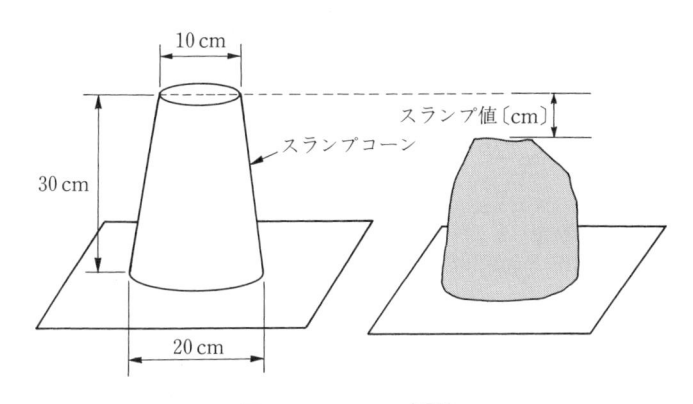

図 *8.2* スランプ試験

〔*2*〕 **振動式コンシステンシー試験** 硬練りのコンクリートの場合，所定の振動条件でコンクリートを振動させ，所定の変形が生じるまでの振動時間

(沈下度：秒) を測りとるもので，仕事量を測定するものである。代表的試験方法として，舗装用コンクリートに関する試験方法 (JSCE-F 501) を図 8.3 に示す。これに類する試験方法としてダム工法の一種である **RCD** (roller compacted dam) 工法用のコンクリートに適用される VC 試験 (JSCE-F 507) がある。

〔**3**〕 **締固め係数試験** (BS 1881) 英国規格に規定されている方法である (図 8.4)。この方法は，コンクリートを図中の最上コーンに詰め順次底を開き，落下させ最下段の容器に落下したときのコンクリート質量とあらかじめ十分な締固めを行った容器質量の比によって締固め係数を求め，締固めの容易さの程度を判定するのに用いられる。

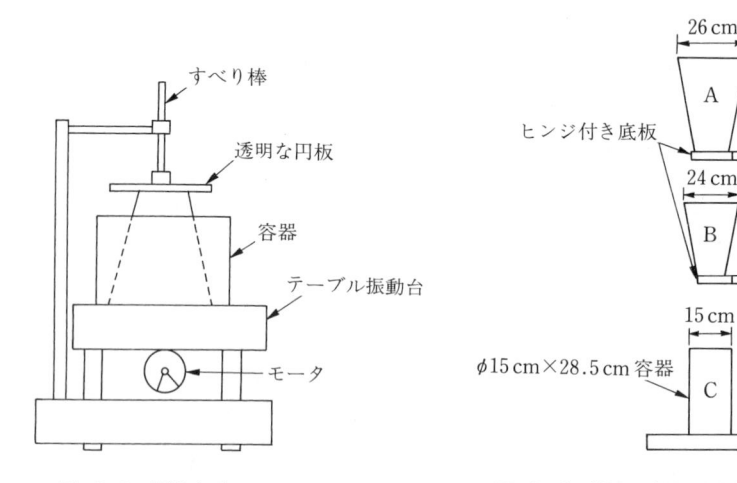

図 8.3 振動台式コンシステンシー試験装置 (JSCE-F 501-1974)

図 8.4 締固め係数試験装置 (BS 1881)

〔**4**〕 **レオロジー試験** 工業化学の分野において利用されている物質のレオロジー特性測定法をコンクリートの分野に修正して提案されている方法である。図 8.5, 8.6 は回転粘度計の一例およびその流動図である。この試験法では，コンクリートを外円筒によって回転流動させ内円筒に発生するトルクを測定することで**流動図** ($\tau \cdot D$ 図) を画き，コンクリートのレオロジーモデル

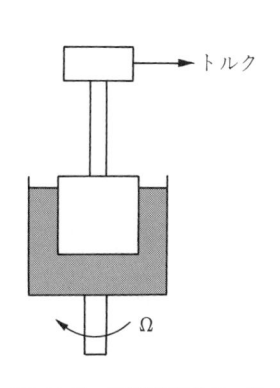

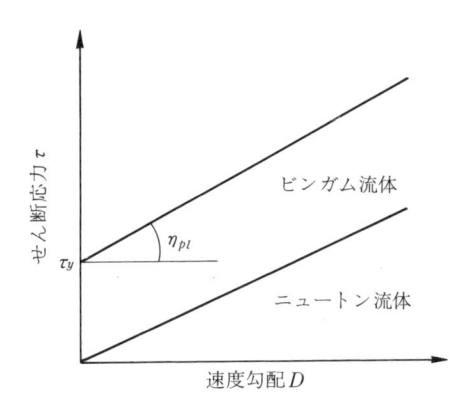

図 8.5 回転粘度計の一例　　**図 8.6** コンクリートのモデル化した流動図

をビンガム流体と仮定して，粘性および降伏応力からコンシステンシーを定量的に扱おうとする試験方法である。流動図中のせん断応力軸の切片を**降伏値**（降伏応力），勾配を**塑性粘度** η_{pl} と呼んでいる。ビンガムモデル式（8.1）中の降伏値 τ_y は流動を開始するときのせん断応力を表し，スランプ値と深い関係があるとされている。

$$\tau - \tau_y = \eta_{pl} D \tag{8.1}$$

ここで，τ はせん断応力，D は速度勾配である。

　レオロジー試験装置は各種のものが提案されているが，適用範囲や精度の問題さらには装置が大掛かりでしかも高価なものが多く，実験室規模を脱するものがないのが現状である。

8.2.4　コンクリートの材料分離

　コンクリートを構成する材料の比重や形状寸法が個々で違うことから，練り上がったコンクリートは運搬や打込みあるいは静置されると，各材料が外力や自重によって別々に移動しようとする。セメントペーストやモルタル部分の凝集力や粘性が低いと，各材料の元の位置からの移動距離差が大きくなりコンクリートが均質でなくなる。またペースト中の余剰水も毛細管現象により上部へ

移動しようとする．このようにコンクリートが均等質でなくなる状態を**材料分離**（segregation）という．水が上昇する現象を**ブリーディング**（浮き水現象：bleeding）といい，ブリーディング水に伴って上昇し表面で沈殿した物質を**レイタンス**（laitance）という．ブリーディングは打込み高さ，混和材料の種類や量，温度によって影響されるが約 2〜4 時間で終了する．ブリーディングは JIS A 1123 に規定されている方法により測定されるブリーディング量（浮き水の量をコンクリート上面の面積で除したもの）やブリーディング率（浮き水量を試料の水量で除した百分率）によって評価されている．レイタンスはセメント，骨材中の微粒子，セメント水和物等からなり接着力は失われているため，打継ぎ時にはこれを取り除く必要がある．この作業を十分に行わないと鉄筋コンクリート構造物の劣化を促進したり，水密性を要求される構造物では漏水の原因となる．また，材料分離を起こしたコンクリートをそのまま構造物に使用すると，コンクリート構造物の耐久性を大きく損なうことがあるので配合や施工計画において十分な検討を要する．材料分離を少なくするには，コンクリートのプラスティシティーを増すことが有効で，単位水量の減少，適当な細骨材の粒度分布，細骨材率の増加，AE 減水剤の添加，ポゾラン材料やセメント量の増加などが考えられる．

コンクリートの各材料が沈降し全体が収縮する現象を**沈降収縮**（settlement shrinkage）という．この沈降量は，コンクリートのスランプ，凝結時間，打込み速度，締固めの程度，打込み高さ，型枠材料，気象条件などによっても異なるが概略 0.5〜2.0％ 程度である．型枠の移動や地盤の沈下を含めた沈降収縮によって上端鉄筋に沿う沈降ひび割れ等が発生するので，打込み計画において検討しておく必要がある．

8.3 コンクリートの打込み

　コンクリートの製造から養生を開始するまでの一連の作業が入念に行われない場合には欠陥が生じる可能性があることを理解しておくべきである。良質なコンクリートを製造しても，途中の過程でミスや見落としがあれば施工による欠陥が構造物に残り，いずれは耐久性にまで影響する。均等質なコンクリートを型枠内に充填し，型枠の隅々や鉄筋周辺まで密実に配置する作業を打込みという。

8.3.1 練混ぜ

　コンクリート製造の第一段階として，各材料を均等に分散させる作業を**練混ぜ**（mixing）という。練混ぜにはコンクリートのコンシステンシーに応じた各種のミキサーが使用される。土木構造物やコンクリート二次製品に適するような比較的硬練りから超硬練りまでのコンクリートにはミキサーの羽根自体が回転する強制練りミキサーや二軸水平ミキサーが用いられる。そのほかドラムを回転させコンクリートの落下自重によって練混ぜる重力式ミキサー（可傾式ミキサー）がある。この種のミキサーは土木用の硬練りコンクリートでは十分な練混ぜが期待できず，練混ぜ時間を長くする必要がある。このような一練りごとにコンクリートを製造する形式のミキサーをバッチ練りミキサーという。練混ぜ時間は，ミキサーの種類や性能，容量，コンクリートの配合等によって違うが，強制練りタイプで1分，可傾式ミキサーで1分30秒が標準とされている。ただし余り長い時間（例えば所定の時間の3倍以上）練り混ぜると骨材が粉砕されコンクリートのワーカビリティーや空気量が低下することがあるので注意を要する。投入順序はあらかじめ定めた順序で投入するが，水の分割投入によってコンクリートの性質が改善される練混ぜ工法もある。このほかに材料を連続的に投入しコンクリートを連続製造する連続ミキサーがある。

8.3.2 運　　搬

　練り上がったコンクリートは，品質をそのままの状態で運搬し，打込むことが重要である．製造プラントから打込み位置までの品質低下をできるだけ少なく抑え，運搬するためには，練混ぜを開始してから打ち終わるまでを原則として，外気温が25℃を超えるときで1.5時間，25℃以下のときで2時間以内に終えることが規定されている．JIS A 5308のレディーミクストコンクリートを使用する場合には，原則として荷卸しまでの時間を1.5時間以内と規定しているが25℃を超える場合には1時間以内を目標とするべきである．プラントから打込み位置まではトラックアジテーター（通称，生コン車）で運搬されることが多いが，ベルトコンベアーが使われることもある．また，舗装用やダム用の超硬練りコンクリートはダンプカーによる運搬が行われる．

　現場内の運搬は，コンクリートポンプ，バケット，ベルトコンベアー，シュート，コンクリートプレーサー等がある．配合によっては，運搬による振動で材料分離や空気量の減少，水分の蒸発などを起こすことがあり，これを避ける方策を考えておくべきである．このうち，コンクリートポンプによる打込みは主としてピストン式，スクイズ式などのコンクリートポンプによって圧送されるために，ポンパビリティーの悪いコンクリートでは輸送管内で材料分離が生じ，骨材による閉塞が起こったりすることがある．

8.3.3 打　込　み

　打込み（placing）作業では，各種方法によって現場内運搬が行われ所定の位置にコンクリートが打込まれ，直ちに締固めが行われる．土木工事においては締固め作業は主として**振動機**（vibrator）によって締固めが行われる．振動などの締固めエネルギーによって骨材周辺のモルタルが一時的に液状化・流動化し比重の大きなものから沈降することによって，打込み時に巻き込まれた気泡や余剰水が上昇する．打込みエネルギーが停止されるとコンクリートは安定な状態で静止する．軟練りコンクリートの場合には振動を掛けすぎると鉛直方向の材料分離が著しくなるので注意を要する．振動機には，一般の現場では内

部振動機（フレキシブル形，直結形，モーター内蔵形）が用いられるが，これら以外に型枠振動機，コンクリート製品工場などで用いられるテーブル振動機，ダムや舗装現場で用いられる表面振動機，振動ローラーなどがある。振動効果は加速度によるところが大きいが，超硬練りコンクリートの場合には表面振動機の上載荷重も影響する。振動機の振動数は内部振動機で 6 000 v.p.m.～12 000 v.p.m.，型枠振動機で 3 000 v.p.m. 以上の範囲のものが多い。一般的な施工条件では，内部振動機の有効範囲を 25～35 cm，挿入間隔 50 cm 以下，として振動時間が 10～20 秒の範囲で使用されている。締固めにあたっては，打継ぎ面を一体化するために振動機を下層に 10 cm 程度挿入するのがよい。

8.3.4 仕　　上　　げ

コンクリート打込み後，コンクリート表面をこてなどを用いて仕上げる。表面仕上げは，耐久性および美観性に影響するために入念に行われる。仕上げの時期は打込み直後にコンクリートの高さを調整する粗仕上げ，ブリーディングがほぼ終了した時間帯に行われる木ごてや金ごてによる仕上げがある。沈降収縮によって上端鉄筋上部に生じたひび割れや風がある程度あるときに生じるプラスチックひび割れは，この時期にタンピング(tamping)やこて仕上げをすることで解消することができる。

8.3.5 養　　　　生

養生 (curing) とは，コンクリートの打込み終了後，コンクリートの硬化が十分に発揮できるように，セメントの水和作用に必要な十分な水分と温度を確保し，さらに有害な外力の作用を避け，ひび割れ等耐久性に影響する欠陥が生じないようにする作業のことである。

一般環境のもとでの工事においては，コンクリート打込み・仕上げ終了後直ちに，コンクリートの露出面を布やシートで覆い，適時散水などによって湿潤状態を保つ養生期間に入る。最小湿潤養生期間および養生の基本を土木学会では**表 8.1**，**図 8.7** のように示している。養生日数と日平均温度を掛け合わせ

た**積算温度**（マチュリティー：Maturity）は，コンクリートの強度と深い関係がある。

表 8.1 コンクリートの最小湿潤養生期間〔日〕[1]*

区　分	使用セメント				備　考
	普通ポルトランドセメント	早強ポルトランドセメント	中庸ポルトランドセメント	フライアッシュセメント，高炉セメント	
無筋・鉄筋コンクリート 舗装コンクリート	5 14	3 7	― 21	― ―	舗装コンクリートの場合，一般に現場養生を行ったコンクリート供試体の曲げ強度が配合強度の7割以上に達するまでの期間とし，表中の日数は試験を行わない場合の標準である。

＊　日平均温度が約 15°C の場合

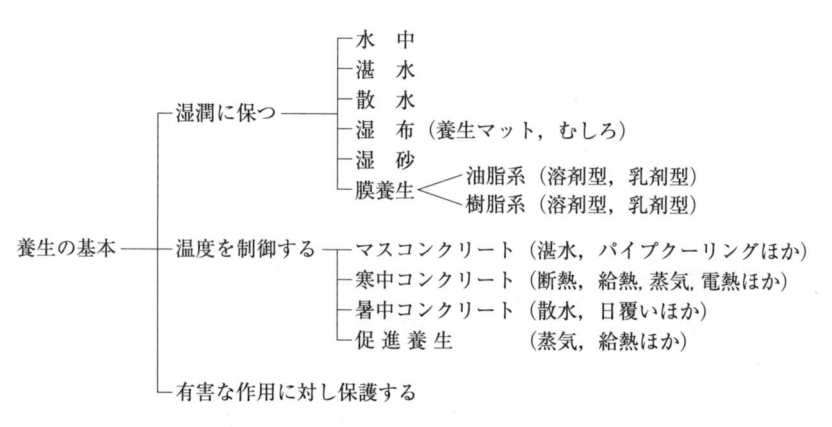

```
                    ┌ 水　中
                    ├ 湛　水
                    ├ 散　水
         ┌ 湿潤に保つ ─┼ 湿　布（養生マット，むしろ）
         │          ├ 湿　砂
         │          └ 膜養生 ┬ 油脂系（溶剤型，乳剤型）
         │                 └ 樹脂系（溶剤型，乳剤型）
養生の基本 ─┤ 温度を制御する ┬ マスコンクリート（湛水，パイプクーリングほか）
         │              ├ 寒中コンクリート（断熱，給熱，蒸気，電熱ほか）
         │              ├ 暑中コンクリート（散水，日覆いほか）
         │              └ 促進養生　　　　（蒸気，給熱ほか）
         └ 有害な作用に対し保護する
```

図 8.7　養生の基本[1]

8.3.6　型枠に作用する側圧

フレッシュコンクリートの側圧は，打込み時において液圧のように型枠に作用する。一般の配合においては，打込み高さが高くなるにつれて側圧は増すが，ある高さを超すと粗骨材のアーチ作用などによって側圧の一部を支えるよ

うになり，側圧は増加しなくなる．この限界高さを**有効ヘッド**（effective concrete head）という．側圧は，使用混和材料，配合，打込み高さ，打込み速度，コンクリート温度，締固め方法のほか部材断面寸法，鉄筋量などにも影響される．土木工事では，型枠設計用の側圧として**図8.8**を使用する．高性能減水剤を混入して流動性を高めた高流動コンクリートの場合には流動化によって有効ヘッドが現れないので型枠の設計では注意を要する．

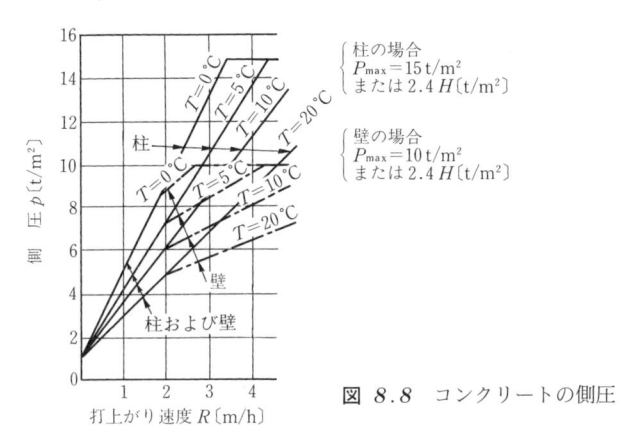

図8.8 コンクリートの側圧

8.4 コンクリートの配合設計

8.4.1 配合設計の基本

コンクリートの**配合設計**（design of mix proportion）は**図8.9**に示す施工計画段階の中において，コンクリートに使用する材料および配合が所要の性能を満足するように，製造プラントの制約条件および材料入手のしやすさや輸送コストを含めた経済性を考慮して定める．すなわち，コンクリートの配合設計は所要の施工性，力学的性能，耐久性およびそのほかの性能を満足するように照査しながら，所要の性能をもつコンクリートとしなければならない．

照査すべきコンクリートの性能は構造物の設計において設定された強度，中性化速度係数，塩化物イオンに対する拡散係数，相対動弾性係数，耐化学的侵食性，耐アルカリ骨材反応性，透水係数，凝結特性などがある．

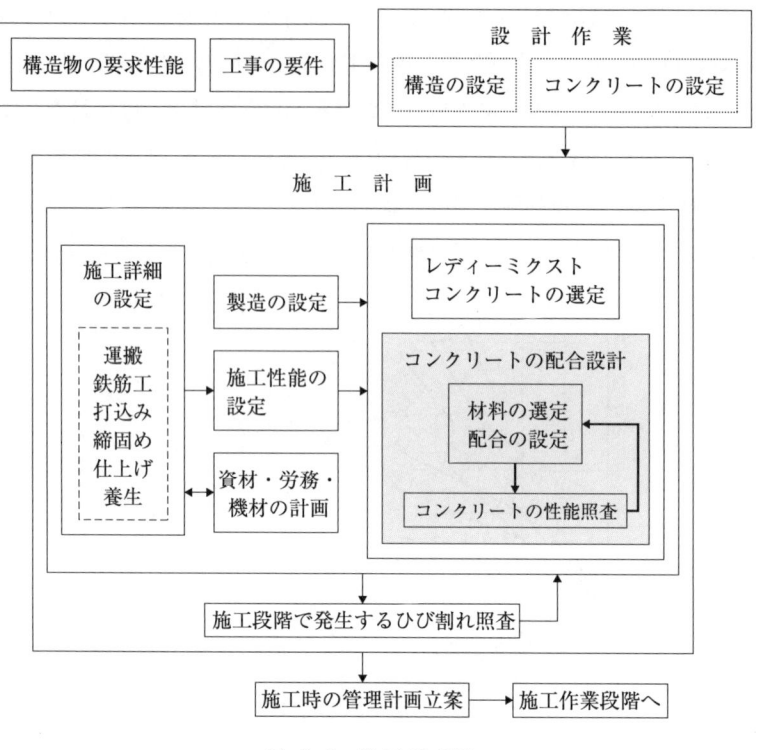

図 8.9 施工計画[1]

コンクリートの**配合**（mix proportion）はコンクリートをつくるときの各材料の使用割合または使用量をいい，セメント，骨材，水および混和材料の使用割合を定めることである。

8.4.2 配合の表し方

コンクリートの配合は**示方配合**（specified mix）と**現場配合**（job mix）で表される。

示方配合とは所定の品質のコンクリートが得られるような配合で仕様書または責任技術者によって指示され，細骨材は5mmふるいを全部通るもの，粗骨材は5mmふるいに全部留まるものであって，ともに表面乾燥飽水状態であり，コンクリートの練上がり$1\,\text{m}^3$の材料使用量で表す。

8.4 コンクリートの配合設計　99

　現場配合は，現場で示方配合のコンクリートが得られるように，現場における材料の状態および計量方法に応じて定めた配合である。一般に、現場での骨材は表面乾燥飽水状態でないので骨材の含水状態に応じて水量を補正するほか，細骨材中の5mmふるいに留まる量および粗骨材中の5mmふるいを通る量の補正，水で薄めた混和剤の混和剤中の水分による補正を行い，現場でのコンクリートを示方配合と同じにすることである。

　土木学会コンクリート標準示方書の施工編では示方配合を**表8.2**のように表している。

表8.2　示方配合の表し方[1]

最粗大骨寸材の法 [mm]	スランプ [cm]	水セメント比[*1] W/C [%]	空気量 [%]	細骨材率 s/a [%]	単位量(kg/m^3)					混和剤[*3] [g/m^3] A
					水 W	セメント C	混和材[*2] F	細骨材 S	粗骨材 G mm~mm　mm~mm	

*1　ポゾラン反応や潜在水硬性を有する混和材を使用するとき，水セメント比は水結合材比となる。
*2　同種類の材料を複数種類用いる場合は，それぞれの欄を分けて表す。
*3　混和剤の使用量は，ml/m^3またはg/m^3で表し，薄めたり溶かしたりしないものを示すものとする。

8.4.3　試験配合の設計

　コンクリートの配合は所要の施工性，力学的性能，耐久性およびそのほかの性能を満足する範囲内で，単位水量をできるだけ少なくするように定める。一般に標準的なレベルを満足する配合設計は**図8.10**に示す手順で行う。

100   8. コンクリート

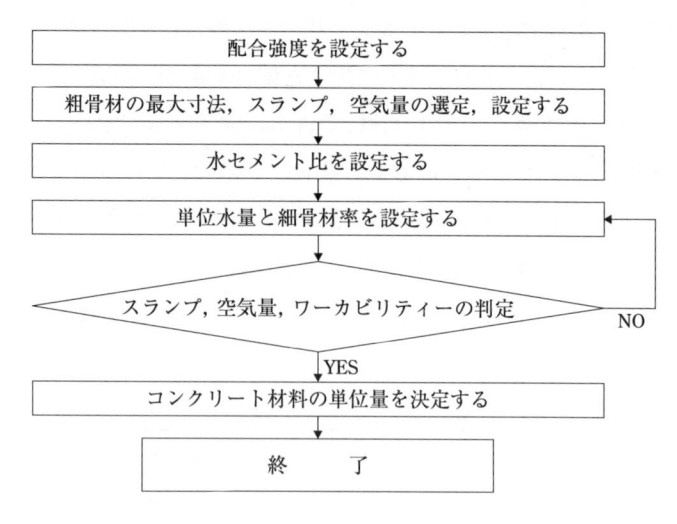

```
┌─────────────────────────────┐
│   配合強度を設定する        │
└─────────────────────────────┘
┌─────────────────────────────────────────┐
│ 粗骨材の最大寸法,スランプ,空気量の選定,設定する │
└─────────────────────────────────────────┘
┌─────────────────────────────┐
│   水セメント比を設定する    │
└─────────────────────────────┘
┌─────────────────────────────┐
│ 単位水量と細骨材率を設定する │←──┐
└─────────────────────────────┘   │
      ◇ スランプ,空気量,ワーカビリティーの判定 ─NO─┘
            │YES
┌─────────────────────────────────┐
│ コンクリート材料の単位量を決定する │
└─────────────────────────────────┘
      ┌─────────┐
      │ 終  了 │
      └─────────┘
```

図 8.10　配合設計フロー[1]

〔**1**〕 **配合強度の設定**　　コンクリートの配合強度 f'_{cr} は,設計基準強度 f'_{ck} および現場におけるコンクリートの品質のばらつきを考慮し,**図 8.11** に示すような現場におけるコンクリートの圧縮強度の変動係数に応じて,割増し係数 α を乗じた値として設定する。

　　コンクリートの配合強度 (f'_{cr}) ＝ 設計基準強度 (f'_{ck}) × 割増し係数 (α)

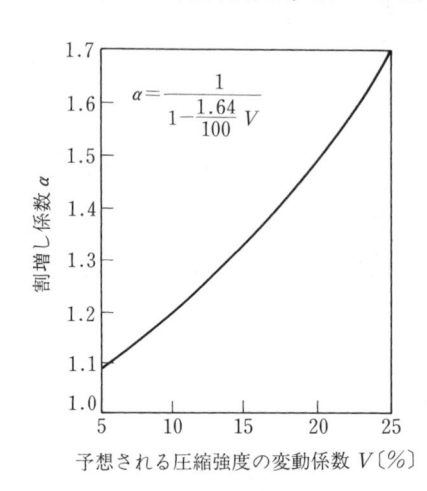

$$\alpha = \cfrac{1}{1-\cfrac{1.64}{100}V}$$

図 8.11　一般の場合の割増し係数[1]

（横軸：予想される圧縮強度の変動係数 V〔％〕,　縦軸：割増し係数 α）

〔2〕 **粗骨材の最大寸法**　最大寸法が大きいほど同一スランプを得るのに必要な単位水量は少なくなるから大きな骨材を使用するほうが有利である。しかし，練混ぜの困難さや材料の分離を生じやすくなるので，粗骨材の最大寸法は**表7.9**に示す値を標準として設定する。また，粗骨材の最大寸法は鉄筋コンクリート構造物などの種類などによって定まり，部材最小寸法の1/5，鉄筋の最小あきの3/4およびかぶりの3/4以下とする。

〔3〕 **スランプ**　コンクリートのスランプは，運搬，打込み，締固めなど作業に適する範囲内で，できるだけ小さく定めるのがよい。打込み時のスランプは**表8.3**に示す値を標準としている。

表8.3　スランプの標準値[1]

種類		スランプ値〔cm〕	
		通常のコンクリートのスランプ値	高性能AE減水剤を用いたコンクリートのスランプ値
鉄筋コンクリート	一般の場合	5〜12	12〜18
	断面の大きい場合	3〜10	8〜15
無筋コンクリート	一般の場合	5〜12	—
	断面の大きい場合	3〜8	—

〔4〕 **空気量**　コンクリートは原則としてAEコンクリートとし，コンクリート容積の4〜7％を標準とする。海洋コンクリートの場合は**表8.4**に示す値を標準とする。

表8.4　海洋コンクリートの空気量の標準値[1]

環境条件およびその区分		粗骨材の最大寸法	
		25〔mm〕	40〔mm〕
凍結融解作用を受けるおそれのある場合	(a) 海上大気中	5.0％	4.5％
	(b) 飛沫帯	6.0％	5.5％
凍結融解を受けるおそれのない場合		4.0％	4.0％

〔5〕 **水セメント比**　コンクリートの水セメント比（W/C）は原則として65％以下とし，力学的性能，耐久性，水密性を考慮して定めた水セメント比のうちで最小の値を設定する。

（1） **圧縮強度をもとにして水セメント比を定める場合**　材齢28日にお

ける圧縮強度とセメント水比（C/W）との関係は，ある範囲内で次式に示すような直線関係にあることが知られている．

$$f'_{cr} = a + b \cdot (C/W) \tag{8.2}$$

ここで，f'_{cr}：コンクリートの配合強度，a, b：材料に応じ，実験から決まる定数であり最小二乗法により求める，C/W：セメント（結合材）水比．

適切と思われる範囲内で3種類以上の異なった水セメント比を用いたコンクリートについて試験し，C/W と圧縮強度との実験式を求める．この式より配合強度に対応するセメント水比の値を逆数として水セメント比を定める．

（2） 凍結融解抵抗性をもとにして水セメント比を定める場合 寒冷地などにおいて凍結融解作用を受ける場合には，表 **8.5** をもとにして水セメント比を定める．良質な混和剤を適切に用いる場合には，セメント量をセメントの質量と混和剤の質量の和としてもよい．

表 **8.5** コンクリートの凍結融解抵抗性をもとにして水セメント比を定める場合におけるAEコンクリートの最大の水セメント比〔％〕[1]

構造物の露出状態	気象条件 断面	気象作用が厳しい場合または凍結融解作用がしばしば繰り返される場合		気象作用が厳しくない場合で，氷点下の気温となることがまれな場合	
		薄い場合[*2]	一般の場合	薄い場合[*2]	一般の場合
(1)連続してあるいはしばしば水で飽和される場合[*1]		55	60	55	65
(2)普通の露出状態で(1)に属さない場合		60	65	60	65

*1 水路，水槽，橋台，橋脚，擁壁，トンネル履工水面に近く水で飽和される部分および，これらの構造物のほか，桁・床版等で水面から離れてはいるが融雪，流水，水しぶき等のため，水で飽和される部分など
*2 断面厚さが20 cm 程度以下の構造物の部分など

（3） 化学的侵食作用に対する抵抗性をもとにして水セメント比を定める場合 化学的なコンクリート腐食作用を受けるおそれがある場合には，表 **8.6** をもとにして水セメント比を定める．SO_4 として0.2％以上の硫酸塩を含む土や水に接する場合は，表 **8.6** の(c)に示す値以下とする．また，融氷剤を用いることが予想される場合は，表 **8.6** の(b)に示す値以下とする．

8.4 コンクリートの配合設計

表 8.6 耐久性から定まる AE コンクリートの最大水セメント比〔%〕[1]

環境区分 \ 施工条件	一般の現場施工の場合	工場製品，または材料の選定および施工において，工場製品と同等以上の品質が保証される場合
海上大気中 (a)	45	50
飛沫帯 (b)	45	45
海中 (c)	50	50

（4）**耐久性から定まる海洋コンクリートの水セメント比**　海洋コンクリートでは，水セメント比の最大値を**表 8.6** に示す値を標準とする。AE コンクリートとした無筋コンクリートの場合は，**表 8.6** に示す値に 10 程度加えた値としてよい。

（5）**水密性から定まる水セメント比**　透気性や透水性などの面から水密性を要求される場合には，水セメント比の最大値を 55 % とする。

〔6〕**単 位 水 量**　コンクリート $1\,m^3\,(=1\,000\,l)$ を作るのに用いる各材料の量を単位量といい，単位水量のように表す。単位水量は，作業ができる範囲内で，できるだけ少なくなるように試験を行って定める。単位水量の限度の推奨値は粗骨材の最大寸法が $20 \sim 25\,mm$ のとき $175\,kg/m^3$ であり，最大寸法が $40\,mm$ のときは $165\,kg/m^3$ としている。高性能減水剤を用いたときは，原則として $175\,kg/m^3$ 以下とする。また，寒中および暑中コンクリートの単位水量は，所要のワーカビリティーが得られる範囲内で，できるだけ少なく定める。なお単位水量の概略値を求めるには**表 8.7** が利用できる。

〔7〕**細 骨 材 率**　細骨材率 (s/a) とは，**図 8.12** に示すように細骨材と粗骨材を合わせた**骨材全量**（aggregate）に対する細骨材量の絶対容積比であり次式で表す。

$$細骨材率(s/a) = \frac{細骨材の絶対容積(l)}{全骨材の絶対容積(l)} \times 100 〔\%〕 \qquad (8.3)$$

細骨材率は，所要のワーカビリティーが得られる範囲内で，単位水量が最小になるよう，試験を行って定める。また，細骨材率の設定の代わりに単位粗骨材容積で設定する場合には**表 8.7** が参考になる。

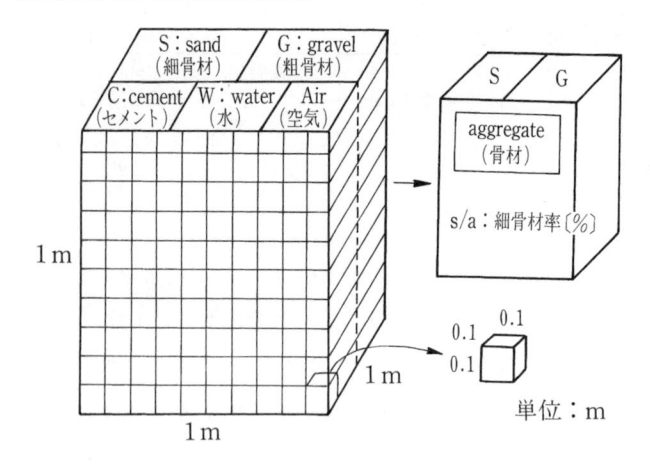

図 8.12 コンクリート 1 m³ における材料の容積割合

〔8〕 **単位セメント量**　単位セメント量は単位水量が決まれば水セメント比との関係から,

$$\text{単位セメント量}(C)[\text{kg/m}^3] = \frac{\text{単位水量}(W)[\text{kg/m}^3]}{\text{水セメント比}(W/C)} \quad (8.4)$$

で求められる。耐久性から定まるコンクリートの最小の単位セメント量は, **表 8.8** が参考となる。

　水セメント比,単位水量,単位セメント量,細骨材率,空気量が決まれば各材料などの絶対容積〔l〕と密度〔kg/m³〕との関係から質量〔kg〕が計算できる。

〔9〕 **塩化物量**　塩化物の混入や侵入は,鉄筋コンクリート中の鉄筋の腐食につながることから,練混ぜ時にコンクリート中に含まれる塩化物イオン総量は,原則として 0.30 kg/m³ 以下とする。

8.4 コンクリートの配合設計

表8.7 コンクリートの単位粗骨材容積，細骨材率および単位水量の概略値[1]

粗骨材の最大寸法 〔mm〕	単位粗骨材容積 〔%〕	AEコンクリート				
		空気量 〔%〕	AE剤を用いる場合		AE減水剤を用いる場合	
			細骨材率 s/a 〔%〕	単位水量 W 〔kg〕	細骨材率 s/a 〔%〕	単位水量 W 〔kg〕
15	58	7.0	47	180	48	170
20	62	6.0	44	175	45	165
25	67	5.0	42	170	43	160
40	72	4.0	39	165	40	155

(1) この表に示す値は，全国の生コンクリート工業組合の標準配合などを参考にして決定した平均的な値で，骨材として普通の程度の砂(粗粒率 F.M.=2.80程度)および砕石を用い，水セメント比55％程度，スランプ約8cmのコンクリートに対するものである。
(2) 使用材料またはコンクリートの品質が(1)の条件と相違する場合には，上記の表の値を下記により補正する。

区　分	s/a の補正〔%〕	W の補正
砂の粗粒率が0.1だけ大きい(小さい)ごとに	0.5だけ大きく(小さく)する	補正しない
スランプが1cmだけ大きい(小さい)ごとに	補正しない	1.2％だけ大きく(小さく)する
空気量が1％だけ大きい(小さい)ごとに	0.5～1だけ小さく(大きく)する	3％だけ小さく(大きく)する
水セメント比が0.05大きい(小さい)ごとに	1だけ大きく(小さく)する	補正しない
s/a が1％大きい(小さい)ごとに	―	1.5kgだけ大きく(小さく)する
川砂利を用いる	3～5だけ小さくする	9～15kgだけ小さくする

なお，単位粗骨材容積による場合は，砂の粗粒率が0.1だけ大きい(小さい)ごとに単位粗骨材容積を1％だけ小さく(大きく)する

表8.8 耐久性から定まるコンクリートの最小の単位セメント量[1]

環境区分 \ 粗骨材の最大寸法	25〔mm〕	40〔mm〕
飛沫帯および海上大気中	330 kg/m³	300 kg/m³
海　　　　中	300 kg/m³	280 kg/m³

8.4.4 示方配合の決定

示方配合を決定するには，机上で試験配合の設計に示した手順で配合設計を行い，試験練りによってスランプ，空気量などを測定する。この結果より配合条件が満たされない時には配合を修正し，所要の条件が得られるまで繰り返し，示方配合を決定する。配合の修正に当たっては，**表 8.7** を参考に補正する。

試験練りの手順は以下のとおりである。

1) 配合設計により，1 **バッチ**(batch)量を決定して，各材料を計量する。
2) 試験練りの前に，同一配合の捨てコンを練ってミキサー内部や練り板などを湿らせておく。
3) 全材料をミキサーに投入し，均一になるまで練り混ぜる。ミキサーから排出されたコンクリートは，練り板上で切り返して均一にする。
4) スランプおよび空気量を測定し，ワーカビリティーなどを判定する。

8.4.5 現場配合の考え方

コンクリート製造プラントの制約条件により，骨材に表面水が付着していたり，粒度も大小の粒径のものが入り混じっていることもある。特に現場での骨材が野積みされている状態であれば，降雨や湿気が多いときは骨材が湿潤状態にあり，乾燥時には気乾状態となる。このように含水状態はコンクリートの強度を変化させることにつながる。現場の骨材を用いて，示方配合と同じ品質のコンクリートが得られるようにするためには，骨材の粒度調整，表面水の補正をしなければならない。

8.4.6 配合設計例

気象条件の厳しい寒冷地域において、鉄筋コンクリート橋の桁に用いるコンクリートの配合設計を行う。

〔**1**〕 **設計条件**　設計基準強度 $f'_{ck} = 24\,\text{N/mm}^2$（圧縮強度），目標スランプ 8.0 cm，目標空気量 5.0 %，使用材料とその物理的性質はつぎのとおりである。

8.4 コンクリートの配合設計

1) セメント：普通ポルトランドセメント，密度 $3.16\,\mathrm{g/cm^3}$
2) 細骨材：川砂，表乾密度 $2.67\,\mathrm{g/cm^3}$，吸水率 $2.11\,\%$，FM $= 3.02$
3) 粗骨材：硬質砂岩砕石，表乾密度 $2.68\,\mathrm{g/cm^3}$，吸水率 $0.54\,\%$，FM $= 6.90$，最大寸法 25 mm
4) AE 剤：良質の AE 剤を用いる。標準使用量は単位セメント量の $0.02\,\%$

〔2〕 配 合 計 算

（1） **配 合 強 度**　予想される変動係数を $15\,\%$ とすると，割り増し係数 a は $a = 1.33$ となる。よって，配合強度は $f'_{cr} = a \cdot f'_{ck} = 1.33 \times 24 = 32$ $\mathrm{N/mm^2}$ となる。

（2） **水セメント比の推定**　これまでの実験で，AE コンクリートの圧縮強度 f'_{cr} と C/W との関係が

$$f'_{cr} = -16 + 24 \cdot C/W$$

のように得られているとした場合，これを参考にして W/C を推定する。

$$32 = -16 + 24 \cdot C/W$$

より

$$W/C = 50\,\%$$

となる。

（3） **単位水量（W），細骨材率（s/a）**　配合参考表に基づいて，参考条件と配合条件との違いについて補正計算をする（**表 8.9**）。

表 8.9

	参考条件 表 8.7	配合条件	$s/a = 42\,\%$	$W = 170\,\mathrm{kg}$
			s/a の補正量	W の補正量
砂の FM	2.80	3.02	$(3.02-2.80)/0.1 \times 0.5 = 1.1\,\%$	補正しない
スランプ〔cm〕	8.0	8.0	補正しない	$(8.0-8.0)/1 \times 1.2\,\% = 0$
W/C〔%〕	55	50	$(0.50-0.55)/0.05 \times 1 = -1.0\,\%$	補正しない
砕石	砕石	砕石	補正しない	補正しない
調 整 値			$s/a = 42+1.1-1.0 = 42.1\,\%$	$W = 170(1+0.0) = 170\,\mathrm{kg}$

(4) 単位セメント量，単位細骨材量，単位粗骨材量，単位 AE 剤量

単位セメント量 $C = \dfrac{170}{0.50} = 340 \text{ kg}$

骨材の絶対容積 $= 1\,000 - \left(170 + \dfrac{340}{3.16} + \dfrac{5.0}{100} \times 1\,000\right)$

$\qquad\qquad\qquad = 1\,000 - 328 = 672\,l$

単位細骨材量 $S = 2.67 \times 672 \times 0.421 ≒ 755 \text{ kg}$

単位粗骨材量 $G = 2.68 \times 672 \times (1 - 0.421) ≒ 1\,043 \text{ kg}$

単位 AE 剤量 $=$ 単位セメント量 $\times\, 0.02\,\% = 340 \times 0.000\,2 = 0.068 \text{ kg}$

以上の値を用いて試験バッチを練り，目標のスランプ，空気量が得られワーカビリティーも良好であれば，示方配合は下表のようになる（**表 8.10**）。

表 8.10 示方配合

粗骨材の最大寸法〔mm〕	スランプ〔cm〕	W/C〔%〕	空気量〔%〕	s/a〔%〕	単位量〔kg/m³〕				
					W	C	S	G	混和剤
25	8	50.0	5.0	42.1	170	340	755	1 043	0.068

〔3〕 **現場配合** 現場で入手した骨材が以下のような状態である場合，現場配合は示方配合を修正することで得られる。

細骨材は 5 mm ふるいに留まるものを 2 % 含み，粗骨材は 5 mm ふるいを通るものを 3 % 含む。また，細骨材および粗骨材の表面水を測定したところ，それぞれ 2.0 %，0.5 % であった。

(1) 骨材粒度による調整 示方配合における表面乾燥飽水状態の川砂の質量を X〔kg〕および砕石の質量を Y〔kg〕とすれば，

骨材の全質量は $\qquad\qquad X + Y = 1\,798$

5 mm 以上の骨材の質量は $\quad 0.02X + 0.97Y = 1\,043$

5 mm 以下の骨材の質量は $\quad 0.98X + 0.03Y = 755$

となり，上の式のうち 2 式の連立方程式から X と Y を求める。

$\qquad X = 738 \text{ kg}, \ Y = 1\,060 \text{ kg}$

(2) 表面水による補正

川砂の表面水は 2.0 % であるから　　$738 \times 0.02 \fallingdotseq 14.7\,\text{kg}$

砕石の表面水は 0.5 % であるから　　$1\,060 \times 0.005 = 5.3\,\text{kg}$

の表面水量をもっていることになる。よって，現場配合はつぎのようになる（**表 8.11**）。

単位セメント量 $C = 340\,\text{kg}$

単位水量 $W = 170 - (14.7 + 5.3) \fallingdotseq 150\,\text{kg}$

単位細骨材量 $S = 738 + 14.7 = 752.7 \fallingdotseq 753\,\text{kg}$

単位粗骨材量 $G = 1\,060 + 5.3 = 1\,065.3 \fallingdotseq 1\,065\,\text{kg}$

単位 AE 剤量 $= 0.068\,\text{kg}$

表 8.11 現場配合

粗骨材の最大寸法〔mm〕	スランプ〔cm〕	W/C〔%〕	空気量〔%〕	s/a〔%〕	単位量〔kg/m³〕				
					W	C	S	G	混和剤
25	8	50.0	5.0	42.1	150	340	753	1 065	0.068

8.5 硬化コンクリート

8.5.1 単位容積質量

硬化コンクリートの**単位容積質量**（unit weight to volume）は主として骨材の比重によって変化するが，骨材の最大寸法，配合および乾燥状態などによって異なる。通常，単位容積質量が $2.0\,\text{t/m}^3$ 以下のコンクリートを軽量コンクリート，$2.3 \sim 2.5\,\text{t/m}^3$ のコンクリートを普通コンクリート，それより重いものを重量コンクリートと呼ぶ。設計計算に用いるコンクリートの単位容積質量は試験によって定めるのが原則であるが，土木学会コンクリート標準示方書（設計編）では**表 8.12** の値を用いてよいとしている。

表 8.12 コンクリートの単位容積質量（示方書）[3]

種　類	単位容積質量〔kg/m³〕
普通コンクリート	2 250〜2 300
鉄筋コンクリート	2 400〜2 450
軽量骨材コンクリート*	1 650

＊ 骨材の全部を軽量骨材とした場合。

8.5.2 圧 縮 強 度

コンクリートの強度といえば普通は**圧縮強度**（compressive strength）を指す。このことは，圧縮強度がほかの強度（引張，曲げ，せん断）に比べて著しく大きく，圧縮強度からほかの強度の概略値を簡単に推定できるからである。さらに，鉄筋コンクリート部材の設計でも圧縮強度が使用されることが多く，圧縮強度から品質も推定できるからである。

コンクリートの強度に影響するおもな要因は，つぎのとおりである。

1) **材料の品質**：セメント，水，骨材，混和材料
2) **配　　合**：水セメント比，セメント量，水量，骨材の最大寸法，混和材料の量，空気量
3) **施 工 方 法**：練混ぜ，打込み，締固め
4) **養　　生**：温度，湿度，方法
5) **試 験 条 件**：材齢，供試体の形状および寸法，載荷速度

〔**1**〕 **材料の品質と強度**

（**1**） **セメント**　　コンクリートの強度は，セメントの強度と密接な関係があり，セメントの圧縮強度（JIS R 5201 によるセメント強度）K とコンクリートの圧縮強度 f'_c の間にはつぎの関係がある。

$$f'_c = K(AX + B) \qquad (8.5)$$

ここで，X：セメント水比（C/W，質量比）で，A，B：定数（**表 8.13** 参照）。

（**2**） **骨　材**　　一般に骨材強度の方がセメントペーストの強度より大きいので，骨材強度の変化はコンクリート強度にほとんど影響しない。しかし，軟石や死石など弱い骨材が多量に含まれる場合にはコンクリートの強度は

表 8.13　A, B の値[3]

区　分	A	B	備　考
日本建築学会（W/C=50〜70 %）	0.61	−0.34	
日本セメント協会（W/C=40〜70 %）	0.70	−0.42	新鮮なセメント使用
	0.61	−0.33	市販のセメント使用

低下する。骨材の表面状態は，砕石のように粗なものが，セメントペーストとの付着の点で有利で，一般に同一水セメント比では，普通骨材を用いるよりも高い強度が得られる。

　水セメント比が一定であっても，粗骨材の最大寸法が大きくなると**図 8.13**のようにコンクリートの強度は小さくなる。この傾向は富配合であるほど著しい。

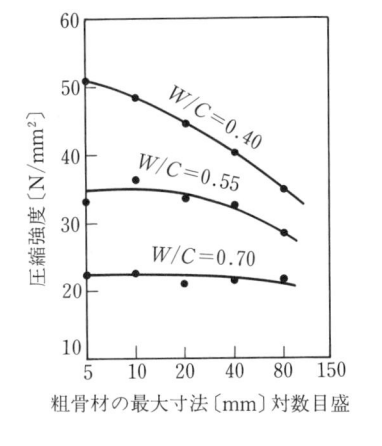

図 8.13　粗骨材の最大寸法と圧縮強度[3]

（3）　練混ぜ水　練混ぜ水は上水道水または JSCE-B 101「コンクリート用練混ぜ水の品質規格（案）」に適合したものでなければならない。水質はコンクリートの凝結時間，コンクリートの強度，硬化後のコンクリートの諸性質などに影響を及ぼす。

〔2〕　施工方法と強度

（1）　練　混　ぜ　最適練混ぜ時間は，配合，ミキサーの種類などによって異なる。一般に，硬練りのものほど，貧配合のものほど，さらに骨材最大寸法が小さいものほど，強度に対する練混ぜ時間の影響は大きい。土木学会では

標準練混ぜ時間を可傾式ミキサーの場合1分30秒，強制練りミキサーの場合1分としている。

（2）**練置きコンクリート**　コンクリートを練混ぜ後，放置したものを，水を加えずに練返して打込むと，一般に強度は大となる。しかし，ワーカビリティーが悪くなるので締固めが困難となり，逆に強度が低下することもある。なお，コンクリートが固まり始めた後に，再び練り混ぜる作業を**練返し**（retempering）といい，まだ固まり始めないが，練混ぜ後相当な時間（一般には1時間以内）が経過した場合や，材料が分離した場合に再び練り混ぜる作業を**練直し**（remixing）という。

（3）**振動締固め**　振動機（vibrator）を使用して締固めを行う場合，硬練りコンクリートでは強度は大となるが，軟練りコンクリートでは効果が少ない。強度が増すのは，振動によってコンクリート中の気泡が少なくなり，密実なコンクリートが得られるからである。軟練りの場合に振動時間が長すぎると材料分離を起こし，逆に強度が低下する。

（4）**成型圧力**　コンクリートは成型時に加圧して硬化させると，一般に強度は大となる。これは加圧によって気泡や水分が押し出され空隙が小さくなるためで，硬練りより軟練りのときの方が効果が大きい。

〔3〕**養生方法と強度**　養生（curing）とは，コンクリートに十分な湿度と適当な温度を与え，有害な外力を与えないようにすることである。養生方法には種々のものがあるが，通常は湿潤状態に保持し，コンクリート中の水分が急激に逸散しないようにする。これを**湿潤養生**（wet curing）という。

（1）**湿潤と乾燥**　コンクリートの強度は湿潤状態に保つと材齢とともに増加する。しかし乾燥状態に移して保存するとセメントの水和が妨げられ，強度の増進は急激に減少する。またこれを再び湿潤状態に移すと強度は再び増進する。図 8.14 は乾燥後再び湿潤養生を行った場合の圧縮強度の発現状況を示している。

（2）**養生温度**　養生温度はコンクリートの強度発現に著しい影響を与える。養生温度が強度に及ぼす程度は，セメントの品質，配合などによって異

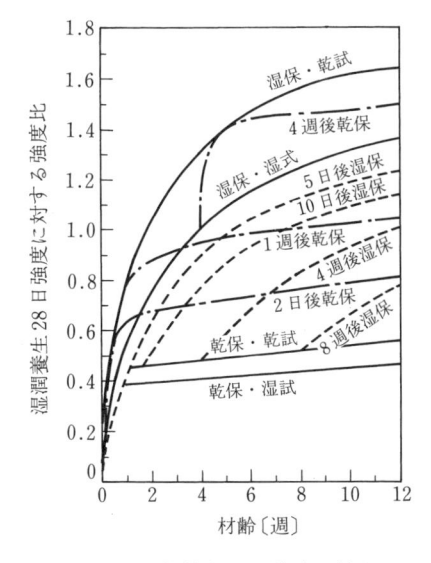

図 8.14 湿潤養生 28 日強度に対する各種養生方法の場合の強度比[10]

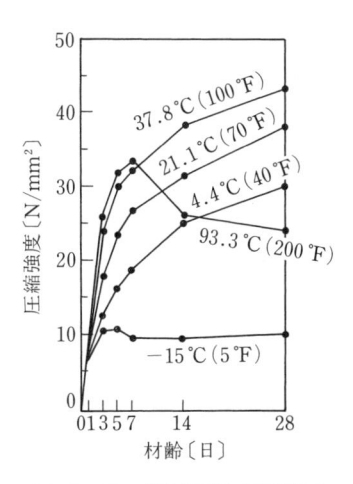

図 8.15 養生温度と圧縮強度との関係[10]

なるが，一般には養生温度が 4～40 ℃ の範囲においては高温度であるほど材齢 28 日までの強度は増大する（**図 8.15** 参照）。

しかし長期強度は一般に低温で養生した方が大きくなる。フレッシュコンクリートにおいては，-0.5～-2 ℃ に達するとコンクリート中の水分が凍結し，強度は永久に阻害される。しかし，強度がある程度発現していれば凍害が少ない。したがって，初期凍害を防ぐにはある程度の強度を発現させておく必要がある。土木学会の示方書は，激しい気象作用を受けるコンクリートの場合には，**表 8.14** の圧縮強度が得られるまではコンクリートの温度を 5 ℃ 以上に保ち，さらに 2 日間は 0 ℃ 以上に保たなければならない，としている。

表 8.14 激しい気象作用を受けるコンクリートの養生終了時の所要圧縮強度の標準〔N/mm²〕（示方書）[11]

構造物の露出状態	断面 薄い場合	普通の場合	厚い場合
(1)連続して，あるいはしばしば水で飽和される部分	15	12	10
(2)普通の露出状態にあり，(1)に属さない部分	5	5	5

（**3**）　**材齢と強度**　　コンクリートの強度は材齢とともに増大し，その割合は若材齢ほど著しい。Abrams は湿潤養生した材齢と強度との関係式を次式で表した。

$$f'_c = A \log t + B \tag{8.6}$$

ここで，f'_c：材齢 t における強度，t：材齢〔日〕，A，B：実験定数。

しかしながら，コンクリート強度は，先に述べたように養生温度によっても影響されるので，Plowman は養生温度と材齢との積をマチュリティーあるいは DD 値（degree-day）と称し，次式を与えている。

$$f'_c = \alpha \log_{10} M + \beta \tag{8.7}$$

ここで，$M = \Sigma(10 + T)℃ \times t$〔日〕，$\alpha$，$\beta$：実験定数，$T$：コンクリートの養生温度〔℃〕。

〔**4**〕　**試験条件と強度**

同じコンクリートであっても，供試体の寸法および形状，載荷方法などによって，その強度はかなり異なる。

（**1**）　**供試体寸法**　　形状が相似であれば寸法の小さい供試体ほど高い強度を示す。これは大きい供試体ほどその内部に強度の決定因子となるある大きさの欠陥を含む確率が高くなるためである。

（**2**）　**供試体形状**　　供試体の形状は，コンクリート強度に大きな影響を及ぼす。特に供試体の高さと直径，または一辺の長さとの比の影響は大きく，一般にこの比が小さいほど強度は高く現れる。図 **8.16** にその関係を示す。高さ h/直径 d の比が 1.5 以上になると強度の変化は小さくなるので，わが国やアメリカでは，標準供試体として $h/d = 2$ を採用している。h/d が同じであれば円柱形の方が角柱形より大きい強度を示す。これは角に応力集中が起こるためである。

（**3**）　**供試体表面の状況**　　供試体の加圧面は平面で，その軸線に直角でなければならない。加圧面が平面でないと，供試体に偏心荷重や集中荷重が作用して，実際の強度よりも低くなる。JIS A 1132 では，型枠底板の平面度は 0.02 mm 以下，供試体上面は 0.05 mm 以下に仕上げるように規定している。

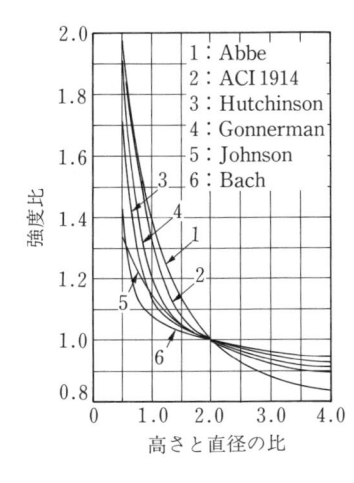

図 8.16 円柱供試体の高さと直径の比と強度との関係〔西林新蔵:改訂新版土木材料, p. 128, 朝倉書店(1997)より〕

キャッピング (capping) はできるだけ薄くするのがよいが, 2〜3 mm 程度が適当である。キャッピング材料としては, セメントペーストか, 硫黄と鉱物質微粉末材料の混合物が用いられている。

(4) 加圧速度　加圧速度が大きくなると, 強度は高く現れる。したがって, JIS A 1108 では圧縮試験の加圧速度の標準を毎秒 $0.2〜0.3 \text{ N/mm}^2$ と定めている。引張および曲げ強度試験の場合はそれぞれ毎分 $0.4〜0.5 \text{ N/mm}^2$ および $0.8〜1.0 \text{ N/mm}^2$ と規定している。なお, 破壊荷重の約 50 % までは比較的早い速度で荷重を加えても試験値に影響はない。

8.5.3 圧縮強度以外の強度

〔**1**〕**引張強度**　コンクリートの**引張強度** (tensile strength) は, 圧縮強度の 1/10〜1/13 である。圧縮強度/引張強度を**脆度係数** (brittleness index) といい, 脆度係数は圧縮強度が高くなるほど大きくなる。一般の鉄筋コンクリート部材の設計では引張強度は無視されるが, 舗装版, 水槽の設計などでは重要であり, プレストレストコンクリート部材の設計に用いられている。さらには収縮や温度応力によるひび割れなどの計算に用いられる。

コンクリートの引張強度試験方法には, 供試体を両端でつかんで引張る**純引張試験**と**割裂試験** (splitting test) がある。前者は供試体の形状, つかみ部分

などに問題があり，JIS A 1113 では後者を引張強度試験方法として採用している。また，この試験方法によって得られた引張強度は純引張試験によって得られた値との間にほとんど差がないことが確認されている。

割裂試験は，円柱供試体を図 **8.17** に示すように横にして載荷を行い，破壊荷重 P を求め，弾性理論より導かれた次式によって引張強度 f_t を求めようとするものである。

$$f_t = \frac{2P}{\pi dl} \tag{8.8}$$

ここで，d：直径，l＝長さ。

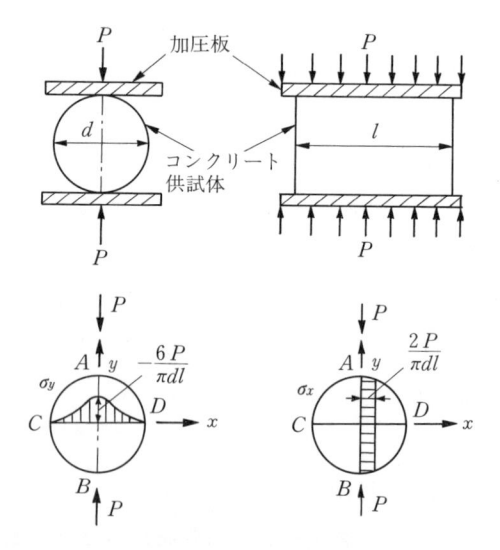

図 8.17 引張強度試験

〔2〕**曲げ強度** コンクリートの**曲げ強度** (flexural strength) は，圧縮強度の 1/5～1/8 ぐらいである。圧縮強度に対する曲げ強度の影響は引張強度の場合とほぼ同様の性状を示す。舗装用コンクリートの設計その他に用いられる。

JIS A 1106 による試験方法は，供試体 (15 × 15 × 53 cm，または 10 × 10 × 40 cm) に 3 等分点載荷を行い (図 **8.18** 参照)，最大曲げモーメント M を求め，次式より曲げ強度 f_b を求める。

8.5 硬化コンクリート

$$f_b = \frac{M}{Z} \tag{8.9}$$

ここで，Z：はりの断面係数 $= \dfrac{bh^2}{6}$，b：幅，h：高さ。

　式 8.9 によって求めた f_b が f_t と同じとならず，$f_b/f_t = 1.6 \sim 2.0$ の値となるが，これはコンクリートが破壊近傍の応力状態で塑性的性質を示し，**図 8.19** に示すように応力が直線分布をしなくなるためで，本質的に強度が大きくなるのではない。

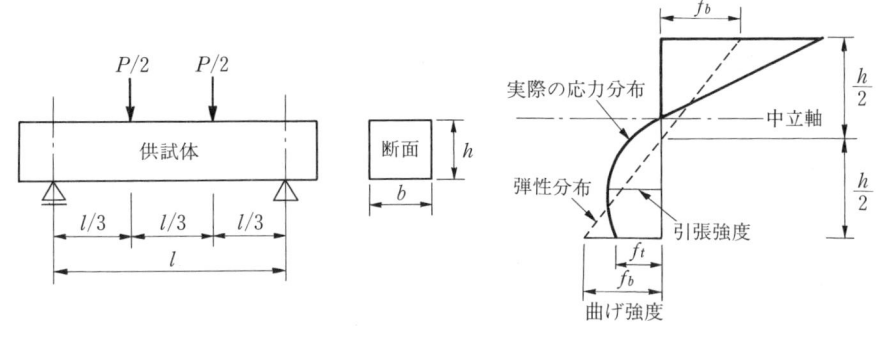

図 8.18 曲げ強度試験　　**図 8.19** 曲げ応力分布[3)]

〔3〕**せん断強度**　　コンクリートの**せん断強度**（shear strength）を求める方法はいろいろ提案されているが，適切な方法はまだない。これは，純粋にせん断応力のみによってコンクリートを破壊させることは難しく，せん断応力以外に引張や圧縮応力が作用するためである。一般には**図 8.20** のように直接せん断試験によって求められる。この場合せん断応力が断面に一様に分布しているものと仮定して次式より求める。

$$f_s = \frac{P}{A} \tag{8.10}$$

ここで，f_s：直接せん断応力，P：破壊荷重，A：断面積。

　直接せん断強度 f_s は圧縮強度の $1/4 \sim 1/6$，引張強度の約 2.5 倍である。

　真のせん断強度は，三軸試験を行ってモールの破壊包絡線を描き，その包絡線が縦軸と交わる点の縦座標から求めることができる。しかしモールの破壊説

は材料が弾性状態から急に破壊する場合を対象としているので，コンクリートへの適用には問題がある。

〔4〕 **付着強度** 鉄筋コンクリートが原理的に成り立つためには，鉄筋とコンクリートとの間に十分な付着強度が必要である。鉄筋とコンクリートとの一体化を**付着**(bond)といい，その程度を**付着強度**(bond strength)という。

付着強度は，鉄筋の種類，コンクリート中の鉄筋の位置および方向，埋込み長さ，コンクリートのかぶり厚さ，コンクリートの品質などによってかなり変化する。

付着強度試験方法としては引抜き，押抜き，両引きおよびはりの曲げ試験による方法がある。一般には図 **8.21** に示すように引抜き試験方法が用いられている。

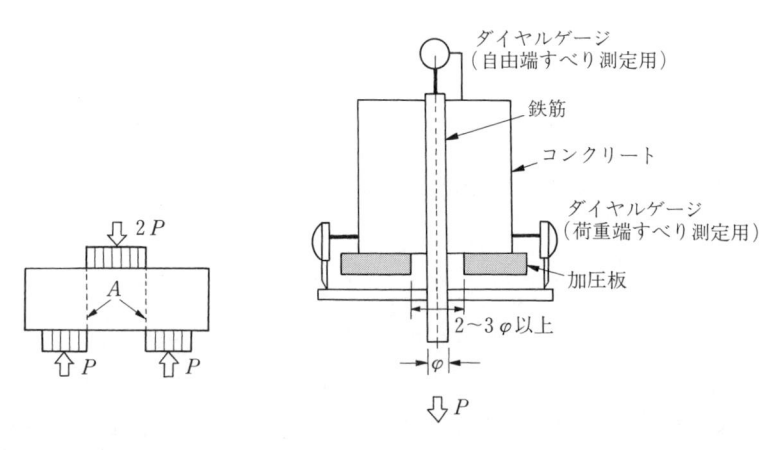

図 **8.20** 直接せん断強度[3]　　　　図 **8.21** 引抜き試験[3]

鉄筋に引張力 P を与えてコンクリート中に埋め込まれたすべり量を測定し，所定のすべり量のときの荷重 P をとる。付着応力は鉄筋の表面に一様に分布するものとして仮定して，次式で付着強度を求める。

$$f_0 = \frac{P}{F} \tag{8.11}$$

ここで，P：荷重，F：埋め込まれた鉄筋の表面積。

図 8.22 は引抜き試験法による付着強度と圧縮強度との関係を示したものである。圧縮強度の増加とともに付着強度も増加し，異形棒鋼は普通丸鋼の約2倍の付着強度があることがわかる。また，水平に埋め込まれた鉄筋の付着強度は鉛直に埋め込まれた鉄筋の1/2〜1/4程度になることもある。これはコンクリートの沈降やブリーディング水により鉄筋の下面に空隙や水膜ができるためである。付着強度の低下は，コンクリートのコンシステンシーが大きいほど，鉄筋の下方のコンクリートが厚いほど，鉄筋上方のかぶりが薄いほど著しく，さらに異形鉄筋よりも丸鋼の方が著しい。

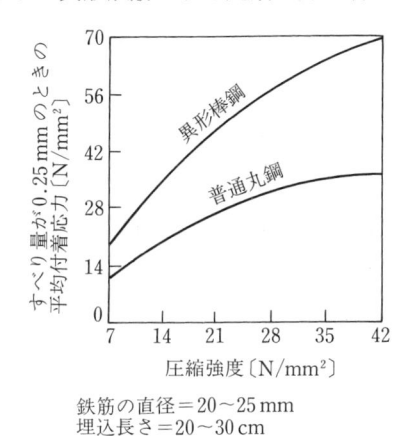

図 8.22 付着強度と圧縮強度との関係[3]

鉄筋の直径＝20〜25 mm
埋込長さ＝20〜30 cm

〔5〕 疲労強度　コンクリートもほかの材料と同様，繰り返し応力を受けると，静的な圧縮強度以下の応力で破壊する。これを疲労破壊と呼ぶ。疲労破壊のおもな原因は，コンクリート中の微細ひび割れの発達であると考えられている。疲労破壊現象を表すのに S-N 曲線が用いられている。ある大きさの応力 S を繰り返し載荷し，コンクリートの供試体が破壊するまでの繰返し回数 N を測定する。コンクリートの場合**図 8.23** に示すよう金属材料のような疲労限度は認められないので，一般に200万回の繰返し応力に耐える上限の応力で表される。コンクリートの200万回**疲労強度**（fatigue strength）は静的強度の約55％程度である。

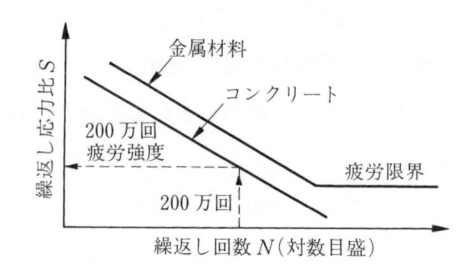

図 8.23 S-N 曲線の概念図[3]

8.5.4 弾性および塑性

〔**1**〕 **応力-ひずみ曲線**　コンクリートは完全な弾性体ではないので，応力とひずみの関係は**図 8.24** に示すように始めから曲線である。また，比較的小さな荷重を加えても残留ひずみ γ を生じる。

〔**2**〕 **静弾性係数**　静的載荷試験によって得られた応力-ひずみ曲線から得られた弾性係数を静弾性係数という。これには，**図 8.25** のように**初期弾性係数** ($E_i = \tan \alpha$)，**割線弾性係数** ($E_c = \sigma/\delta$) および**接線弾性係数** ($E_t = \tan \beta$) がある。通常，コンクリートの弾性係数あるいはヤング係数といわれているのは E_c である。E_c は応力の大きさによって異なり，実用的には圧縮強度の 1/3 に相当する応力に対する E_c を用いる。E_c は一般にコンクリートの圧縮強度 f'_c および密度 ρ が大きいほど大きくなる。

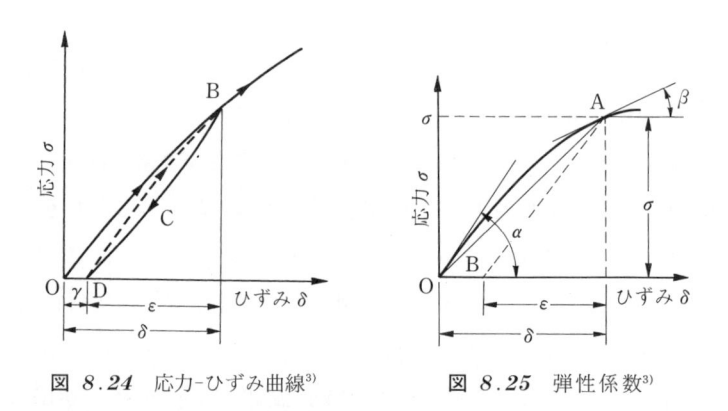

図 8.24　応力-ひずみ曲線[3]　　図 8.25　弾性係数[3]

土木学会では，鉄筋コンクリート構造物の不静定力または弾性変形の計算に用いる弾性係数の値として，**表 8.15** を与えている。なお引張応力に対する

弾性係数は圧縮応力に対するものよりやや小さいが，実用上等しいとして取り扱っている。

表 8.15 コンクリートの弾性係数（示方書）[3]

f'_{ck}〔N/mm²〕		18	24	30	40	50	60	70	80
E_c〔kN/mm²〕	普通コンクリート	22	25	28	31	33	35	37	38
	軽量骨材コンクリート*	13	15	16	19				

＊ 骨材の全部を軽量骨材とした場合。

〔3〕 **動弾性係数**　弾性材料からなる棒の縦共振振動数とヤング係数との間にはつぎの関係が成立する。

$$v = 2fl = \sqrt{\frac{E_d}{\rho}} \quad (8.12)$$

ここで，f：共振振動数（Hz），l：供試体長さ，ρ：密度，v：弾性波速度。

したがって，コンクリート供試体に縦振動またはたわみ振動を与えて，その固有振動数を測定するか，または供試体中に伝わる弾性波速度を測定すれば，動的な弾性係数 E_d（動弾性係数）を求めることができる。動弾性係数はごく小さい応力（$0.1 \sim 0.2 \, \text{N/mm}^2$）における弾性係数であるから，初期弾性係数に近い値を示す。動弾性係数は，凍結融解作用などのコンクリートの劣化の程度を示す尺度として用いられる。

〔4〕 **ポアソン比およびせん断弾性係数**　コンクリートのポアソン比は，材齢，使用材料，強度などによって異なり，また同一コンクリートであっても，応力度の大きさによって異なる。ポアソン比は使用時応力度付近で1/5〜1/7，破壊応力度付近で1/2.5〜1/4程度である。示方書ではポアソン比を普通および軽量コンクリートとも 0.2 としている。

コンクリートのせん断弾性係数Gは，圧縮試験によって実測した静弾性係数E_cとポアソン比νまたはポアソン数mを用いて，次式から算出することが多い。

$$G = \frac{E_c}{2(\nu + 1)} = \frac{mE_c}{2(1 + m)} \quad (8.13)$$

ポアソン比は $\nu = 1/5 \sim 1/7$ であるから式 8.14 になる。

$$G = (0.42 \sim 0.44) E_c \quad (8.14)$$

〔**5**〕 **クリープ**　持続荷重のもとで時間の経過とともにひずみが増大する現象を**クリープ**（creep）という。クリープの原因については，連続載荷によるゲル水の圧出が主因で，これにペーストの粘性流動，微細空隙の閉塞，結晶内のすべり，微細ひび割れの発生などの影響が累加されるものと考えられている。クリープに影響する因子として，使用材料の性質，コンクリートの配合，載荷時の材齢，温度，湿度，供試体の寸法，などである。これまでわかっていることを列挙すると

1) 温度が低いほど
2) 載荷時の材齢が早いほど
3) 部材の寸法が小さいほど
4) 水セメント比が大きいほど
5) セメントペースト量が多いほど

クリープは大きくなる。

クリープひずみの大きさは，つぎの二つの基本的法則によって推定できる。

（**1**）　**Davis-Glanville の法則**　「持続応力が強度の 1/3 程度以内であれば，クリープひずみは応力に比例し，圧縮に対しても引張に対しても比例定数は等しい」。すなわち，$f = \varphi_t(\sigma_c/E_c) = \varphi_t \cdot \varepsilon$ が成り立つ。φ_t をクリープ係数という。

（**2**）　**Whitney の法則**　「同一コンクリートでは，単位応力に対するコンクリートひずみの進行は一定である」。

これは，図 **8.26** に示すように，材齢 t_1 から載荷されたクリープの進行は t_0 から載荷された場合の進行曲線を，そのまま下へ平行移動したものと，ほぼ

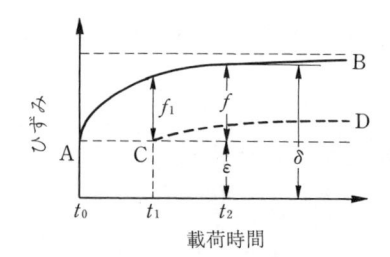

図 **8.26**　クリープひずみの特性
（Whitney の法則）[3]

同じというものである。

時間に伴うコンクリートのクリープの増加割合を予測することはプレストレストコンクリート部材の設計において重要である。土木学会では，設計に用いるクリープ係数として**表8.16，8.17**を与えている。

表8.16 普通コンクリートのクリープ係数(鉄筋比1%)(示方書)[7]

環境条件	プレストレスを与えたときまたは載荷するときのコンクリートの材齢				
	4～7日	14日	28日	3か月	1年
屋 外	2.1	1.4	1.2	1.1	0.9
屋 内	1.9	1.4	1.2	1.1	0.9

表8.17 軽量骨材コンクリートのクリープ係数(鉄筋比1%)(示方書)[7]

環境条件	プレストレスを与えたときまたは載荷するときのコンクリートの材齢				
	4～7日	14日	28日	3か月	1年
屋 外	1.6	1.1	0.9	0.8	0.7
屋 内	1.4	1.1	0.9	0.8	0.7

8.5.5 体積変化

〔1〕**乾燥収縮**　一般に，コンクリートは水分が乾燥により逸散すれば収縮する。この現象を**乾燥収縮**（drying shrinkage）という。水で飽和したコンクリート供試体を完全に乾燥させた場合，$6 \sim 9 \times 10^{-4}$程度の収縮を示す。現実のコンクリート構造物では断面も大きく，乾燥条件も厳しくないので，前記の値ほどの収縮はしないが，変形に対する拘束が大きいときは容易に収縮ひび割れが生じる。

乾燥収縮に影響を及ぼす要因は，単位水量，セメント量とその品質，骨材量と品質，空気量，養生方法，部材の形状および寸法などである。すなわち，単位水量および単位ペースト量の増加により，収縮は増大する。セメントの化学成分としてはC_3Aの含有量が多いと収縮が大きくなる。骨材については，特に石質や吸水性は収縮に大きく影響する。一般に，軟質砂岩や粘板岩が収縮が大きく，石英質，長石類は小さい。さらに吸水性の高いものは収縮も大きくな

る。また，蒸気養生されたコンクリートの収縮は小さく，しかも蒸気温度の高いほど，養生時間の長いほど収縮は小さくなる。また，乾燥面積と部材の体積との比が大きくなるほど収縮速度は速くなる。

人工軽量骨材を使用したコンクリートの乾燥収縮は，一般に普通コンクリートと同程度かいくぶん小さい値を示す。

土木学会では通常の普通コンクリートおよび軽量骨材コンクリートとしての乾燥収縮ひずみとして**表8.18**の値を定めている。

表8.18 コンクリートの収縮ひずみ($\times 10^{-6}$)（示方書）

環境条件	コンクリートの材齢*				
	3日以内	4〜7日	28日	3か月	1年
屋　外	400	350	230	200	120
屋　内	730	620	380	260	130

＊ 設計で収縮を考慮するときの乾燥開始材齢

〔2〕 **自己収縮** 近年，水セメント比の小さい高強度コンクリートにおいて，**自己収縮**（autogeneous shrinkage）の問題がクローズアップされている。自己収縮は，セメントの水和過程の始発以後に巨視的に生じる体積減少と定義されている。これには，水分の浸入や逸散，温度変化，外力や外部拘束に起因する収縮は含まれない。自己収縮の機構については，水和生成物の体積が反応前のセメントと水の体積の和より減少するという水和収縮現象により内部空隙が生じ，未水和水にも毛細管張力が発生するためと考えられている。自己収縮は水セメント比が小さくなるほど大きくなり，高強度コンクリートでは凝結直後から数年以上の間収縮現象が継続する。

コンクリートの自己収縮は，水セメント比ばかりでなく，セメントや混和材料の種類により影響を受け，部材寸法や養生温度などの影響も受ける。普通ポルトランドセメントを用いたコンクリートの自己収縮ひずみ量は**表8.19**に示す。

〔3〕 **温度変化による体積変化** セメントペーストの熱膨張係数は，気乾状態で22×10^{-6}/℃程度，湿潤状態で16×10^{-6}/℃程度であり，骨材の熱膨張係数より大きい。したがって，ペースト量の多いコンクリートほど熱膨張係数が大きくなる。コンクリートの熱膨張係数は，骨材の性質，骨材量により

表8.19 普通ポルトランドコンクリートを用いた
コンクリートの自己収縮ひずみ量
($\times 10^{-6}$)（示方書）

水セメント比〔%〕	材齢*〔日〕					
	1	3	7	14	28	90
50	0	30	80	90	100	120
40	0	70	100	110	120	170
30	50	100	170	210	250	280
20	100	320	360	380	400	470

* 凝結時を原点とする。

異なるが，通常の温度変化の範囲で$7 \sim 13 \times 10^{-6}/℃$である。設計計算では$10 \times 10^{-6}/℃$としている。人工軽量骨材コンクリートの熱膨張係数は，普通コンクリートの70～80%であるが，設計計算では，便宜上普通コンクリートと同じとしている。

コンクリート硬化時の発熱は，コンクリートに体積膨張を生じさせる。特に，マスコンクリートではセメントの水和熱で20～30℃以上の温度上昇を生じることがある。構造物が拘束されている場合，温度が上昇している初期材齢では，コンクリートの弾性係数は小さく，クリープも大きいので膨張による圧縮応力は比較的小さい。しかし，その後温度が降下し始めると，弾性係数は大きく，クリープも小さくなるので収縮による引張応力によってコンクリートにひび割れが生じやすい。

8.5.6 耐久性

コンクリートが外界の種々の作用に長期間抵抗する性質を**耐久性**（durability）といい，きわめて重要な性質である。耐久性には

1) 気象作用に対する耐久性
2) 海水および化学薬品に対する耐久性
3) 損食に対する耐久性
4) 電流の作用に対する耐久性
5) アルカリ骨材反応に対する耐久性

などがある。一般に水密性が高く体積変化の小さいコンクリートほど耐久性が

大きいといえる。

〔1〕 **気象作用に対する耐久性**　気象作用がコンクリートに及ぼす作用としては，凍結融解作用，炭酸ガスの作用，乾湿繰返し作用，温度変化などがある。

凍結融解作用によるコンクリートの劣化機構は，毛細管水の凍結による膨張そのものが直接の原因ではなくて，そのために凍結していない水に圧力が加わり，微細なひび割れを生じ，凍結と融解が繰り返されることにより，ひび割れが進行することである。AEコンクリートのように連行された微細な空気（エントレインドエア）がある場合には，気泡が圧力を緩和するので，凍結融解作用に対する抵抗性が増す。なお，空気泡が効果的に作用するための気泡間隔は，0.25 mm以下が良いとされているので，微小な空気泡を多く混入する必要がある。

水セメント比の小さいコンクリートは，凍結可能な水および水圧を生じる水が少ないので凍結融解に対する耐久性が増す。

コンクリートの凍結融解に対する耐久性は，凍結融解促進試験法（土木学会基準 JSCE-G 501 あるいは JIS A 6204）によって評価される。この方法は，次式によって得られる**耐久性指数** DF（durability factor）によって判断される。

$$\mathrm{DF} = \frac{PN}{M} \qquad (8.15)$$

ここで，P：凍結融解サイクル N における相対動弾性係数，N：Pが 60％になったときの凍結融解サイクル数，M：試験を終了すべきサイクル数（通常は 200 または 300 サイクル）。

図 **8.27** に，普通（プレーン）コンクリートと AE コンクリートにおける水セメント比と耐久性指数との関係を示す。これより，AE コンクリートの耐久性は非常に優れていることがわかる。さらに水セメント比が小さくなるほど良好であることがわかる。

コンクリートが空気中にさらされると，空気中の炭酸ガスと反応して，コンクリート中の水酸化カルシウム($Ca(OH)_2$)が中性の炭酸カルシウム($CaCO_3$)に

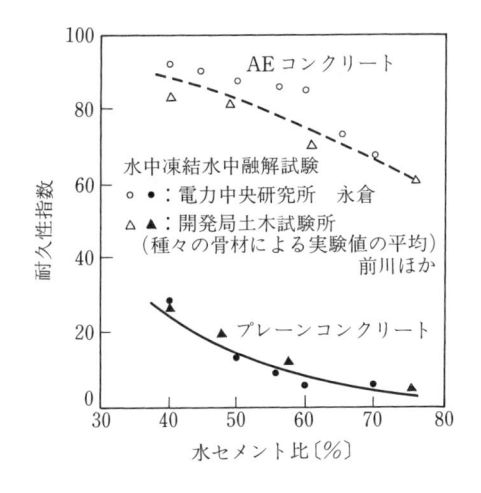

図 8.27 コンクリートの水セメント比と耐久性指数との関係
〔西林新蔵 編著：エース建設構造材料, p.104, 朝倉書店(1999)より〕

変化する。これを中性化という。コンクリート中で鉄筋がさびないのはコンクリートがアルカリ性のためであり，中性化が鉄筋の位置まで到達すれば鉄筋に対する防錆機能は無くなり，鉄筋はさびる。鉄筋がさびると体積が膨張してコンクリートにひび割れを発生させ，最終的にはかぶりコンクリートがはく落し破壊に至ることもある。中性化に影響する要因は，セメントの種類，水セメント比，骨材の種類，養生条件などである。中性化深さはフェノールフタレイン1％溶液の塗布によって判定される。

〔2〕 **化学薬品や海水に対する耐久性** 硫酸，塩酸，硝酸などの無機酸は，セメント水和物中の水酸化カルシウム，ケイ酸化合物，アルミン酸三カルシウムと反応し，溶解させる。酢酸，乳酸，クエン酸，シュウ酸などの有機酸は，弱酸が多く，無機酸に比べてやや弱いが，かなりの被害を与える。ナトリウム，マグネシウムおよびカルシウムの硫酸塩は，セメント中の$Ca(OH)_2$，C_3Aと反応してセメントバチルスをつくり，膨張してコンクリートを破壊させる。

海水中の塩化マグネシウムは，水酸化カルシウム$Ca(OH)_2$と反応して可溶性の塩化カルシウムを生成し，コンクリートを多孔質とする。また，海水中の硫酸マグネシウムも$Ca(OH)_2$およびC_3Aと反応してエトリンガイトを生成し，コンクリートの膨張破壊を生じる可能性がある。

〔3〕 **そのほかの作用に対する耐久性** そのほかの作用としては，流水中

の砂などによる摩耗，交通によるすりへり，**キャビテーション**（cavitation）による損食などがある。これらの作用に対する抵抗性の大きいコンクリートを得るには，水セメント比を小さく，硬練りとし，高強度，高密度とする。

鉄筋コンクリートにおいて，直流電流が鉄筋からコンクリートに向かって流れると，鉄筋が酸化しさびてコンクリートにひび割れを生じることがある。コンクリート内部の pH が約 11.0 以下になるときと，塩化物イオンが存在するときはいっそう電食は助長される。コンクリートから鉄筋に電流が流れる場合には，鉄筋周囲のコンクリートが軟化現象を起こし，鉄筋とコンクリートとの付着力が低減する。交流電流の場合には，極がたえず変化するので，上記の現象は起こりにくく，被害はない。また，無筋コンクリートの場合には直流でも害はない。

8.5.7 水　密　性

コンクリートは水に接すると吸水し，圧力水が作用するとコンクリート内部まで水が浸透する。水密性とは，構造物における吸水や透水に対する抵抗性をいう。しかしながら，コンクリートはもともと多孔質であり，水を通す多くの要素がある。すなわち，セメントの水和に必要な水量よりも多くの水を用いてコンクリートをつくるために，内部に多くの毛細管空隙を生じること，ブリーディングによる水みち，骨材や鉄筋下面に水隙を生じること，各種のひび割れが起こること，などである。

したがって，水密性の高いコンクリートを施工するには，上記の欠点を改善する必要がある。水密性を高める方法としては以下の方法がある。

1) 水セメント比が 55 % 以上になると透水係数は急に大きくなる。また粗骨材の最大寸法が大きくなると，骨材下面の水隙が大きくなり，透水係数が大となる。したがって，土木学会の水密コンクリートの規定では，一般のコンクリート（軽量コンクリートを含む）で $W/C \leqq 55\%$，ダムの外部コンクリートで $W/C \leqq 60\%$，さらに水中コンクリートで $W/C \leqq 50\%$，としている。

2) 十分な締固めを行う。
3) 湿潤養生を十分行って組織を緻密化させる。
4) 良質な化学混和剤やポゾラン材料などの混和材を使用する。

コンクリートの水密性を評価する方法としては，透水試験がある。透水試験にはアウトプット法とインプット法がある。アウトプット法は一定の圧力水が単位時間に単位面積から流出する量を測定し透水係数を求める方法である。一方，インプット法は一定圧力水を一定時間作用させ，コンクリートに浸透した水量や水の浸透深さで拡散係数を求め，透水性を求める方法である。

8.5.8 非破壊検査

構造物として完成したコンクリートが，設計において要求されている強度を有しているかを知るには，一般には，現場で採取した同じコンクリートを標準養生した供試体強度で判定している。しかし，標準養生したコンクリート強度と構造物のコンクリートでは，打込み，締固め，養生などの諸条件が異なり，実際のコンクリートの強度を示しているとはいいがたい。また，コンクリート構造物の維持，管理において，コンクリートの健全性を判定するとき，コンクリートコアを採取してコンクリートの品質を知ることが行われている。しかし，この場合には構造物に損傷を与えることになる。したがって，操作が簡単で，かつ非破壊で構造物のコンクリート強度が求められれば最もよいことである。このような目的で，種々の非破壊試験法が考案されてきた。ここでは，代表的な方法を述べる。

〔1〕 表面硬度法　ハンマーやピストルによってコンクリート表面を打撃し，くぼみの深さ，直径，面積などを測定して強度を推定しようとするものである。これには，落下式，ばね式，回転式ハンマー，およびピストル鋼球打撃法などがある。

〔2〕 反発硬度法　これも表面硬度法の一種である。鋼製のハンマーを用いて衝撃力を与え，その反発力を測定することによってコンクリートの強度を推定しようとするものである。代表的なものにシュミットハンマーがある（図

8.28 参照)。

　反発力と強度との間には理論的な関係はないが，両者間の相関性を示す実験式より強度を推定する。構造物のコンクリート強度の推定には，打撃方向やコンクリート表層部の品質に影響されるため，測定精度はあまりよくないが，操作が簡単であるため広く利用されている。

　〔3〕 **超音波法**　　この方法は，超音波パルスをコンクリートに発射させ，既知距離間の伝播時間を測定して音速を求め，コンクリートの品質を判定するものである。音波の速度 v は，$v = (E/\rho)^{\frac{1}{2}}$ となるという理論に基づいていて，超音波の伝播速度を測定することによって密度や弾性係数と密接な関係にある強度を推定しようとするものである。しかし，コンクリートは密度や弾性係数の異なる複合材料なので，超音波速度と圧縮強度の相関性はあまりよくない。したがって，超音波速度は**表 8.20** に示すようにコンクリートの品質を推定する目安として用いられている。

　〔4〕 **共鳴振動法**　　供試体に縦振動，たわみ振動あるいはねじり振動を与

表 8.20　超音波速度と品質

縦波速度〔m/s〕	品　　質
4 570 以上	優
3 660～4 570	良
3 050～3 660	やや良
2 130～3 050	可
2 130 以下	不可

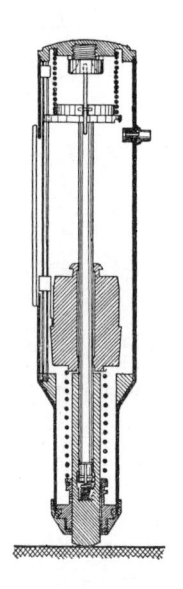

図 8.28　シュミットハンマーの内部機構

えて，それらの一次固有振動数を測定し，動弾性係数，動せん断弾性係数あるいはポアソン比を求める方法である。

この試験方法の利点は，同一供試体を用いて供試体の経年変化や，物理的，化学的に劣化する程度，すなわち凍結融解，硫酸塩，アルカリ骨材反応等の劣化の程度を精度よく知りうることである。

動弾性係数は次式から求められる。

縦振動
$$E_d = 4l^2\rho f_o^2 \qquad (8.16)$$

たわみ振動
$$E_d = \frac{4\pi^2 l^4 \rho}{m^4 k^2} \cdot f_o^2 \qquad (8.17)$$

ここで，l：供試体の長さ，f_o：共振時の振動数，m：振動形式によって決まる定数で，両端自由の基本振動に対して$m = 4.7004$，ρ：密度，k：断面の回転半径。

ここに，動弾性係数とは静的試験の応力-ひずみ曲線より求めた弾性係数（静弾性係数）に対応して名付けられたものである。動弾性係数は静的試験により求めた初期接線係数に相当するが，一般にコンクリートの粘性のためにこれより大きい値を示す。

8.6 各種コンクリート

8.6.1 AEコンクリート

〔**1**〕**概　説**　微小な独立した気泡をコンクリート中に一様に分布させるために用いる混和剤を**AE剤**（air entraining agent），AE剤を用いて気泡を混入したコンクリートを**AEコンクリート**（air entrained concrete）という。また，AE剤によってできる気泡を**エントレインドエア**（entrained air），エントレインドエア以外の気泡を**エントラップトエア**（entrapped air）という。

AE剤がコンクリートに用いられるようになったのは1930年代のことである。1934年頃アメリカのカンザス州で道路舗装から抜き取ったコアの強度が低く、また軽いことが問題となり、調査したところ、セメント工場で粉砕助剤として松脂類を用いていたためであることが判った。松脂類を混入すると微小な空気泡がコンクリート中に発生し強度は低下するがワーカビリティーが向上することが明らかになった。同年代にニューヨーク州で粉砕助剤として牛脂を用いたセメントによる舗装コンクリートが、凍結融解に対して著しく耐久性が向上することが判明した。このようなことがきっかけとなって、AEコンクリートの研究が広く行われ、つぎのような利点が明らかにされ、一般に使用されるようになった。

AEコンクリートの利点

1) 耐久性の増大
   ① 凍結融解に対する耐久性を著しく増大する。
   ② 化学的侵食に対する耐久性を増加する。
   ③ アルカリ骨材反応の悪影響を少なくする。
   ④ 空気中の炭酸ガスによる中性化の速さを減ずる。
2) ワーカビリティーの改善
   ① 水量一定ならばコンクリートのコンシステンシーが増す。
   ② コンクリートをプラスチックにし、材料分離を少なくする。
   ③ ブリーディングを少なくする。
   ④ フィニッシャビリティーを改善する。
3) 単位水量の減少
4) 水密性の改善

一方、欠点としてはつぎのようなことがあげられる。
1) 富配合コンクリートでは強度が低下する。
2) コンクリートの重量を利用する場合、重量が減る。
3) 型枠に及ぼす圧力が大きくなる。
4) 鉄筋との付着強度がやや小さくなる。

〔2〕 空気量および空気量に影響する諸因子
(1) 適正な空気量

AEコンクリートには多くの利点があるが，空気量が多くなると強度の低下そのほかの欠点があらわれる。したがって，強度を著しく低下させることなく，AEコンクリートの利点を確保できるように空気量を選定する必要がある。適当な空気量は，粗骨材の最大寸法，単位セメント量，スランプなどのほか，AE剤の種類に起因する気泡の寸法および分布状態にも関係する。良好なAE剤を用いた場合の空気量と単位水量，耐久性指数および圧縮強度の関係を示すと図 8.29 のとおりである。

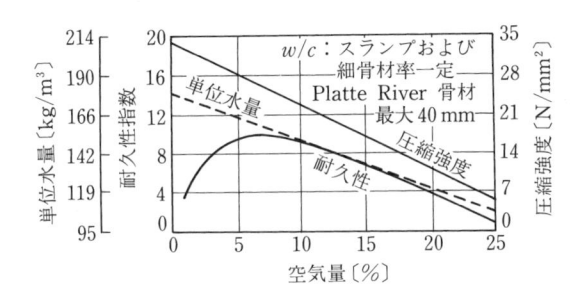

図 8.29 空気量に対する圧縮強度，耐久性および単位水量の関係[12]

すなわち，粗骨材の最大寸法 40 mm のコンクリートにおいて，凍結融解に対して十分な耐久性を得るには3％以上の空気量が必要である。一方，水セメント比が一定の場合には，1％の空気量（エントレインドエア）は約5％の強度低下をきたすが，スランプを一定とすれば1％の空気量について約3％の単位水量を減少できるので，単位セメント量を一定とした場合，適性空気量を選定することにより，強度低下はわずかとなり，AEコンクリートの利点を生かすことができる。また，貧配合コンクリートの場合，適性空気量を選定すれば，図 8.30 に示されるように，等しい単位セメント量のAE剤を用いないコンクリートよりもかえって高い強度を期待することができる。

空気量によってその性質が変化するには，コンクリート中のモルタルまたは

セメントペースト部分であって，粗骨材の最大寸法が大きく，セメントペースト量の少ないコンクリートでは，空気量は少なくてよく，粗骨材の最大寸法が小さく，セメントペースト量の多いコンクリートでは，多くの空気量が必要となる。土木学会では，粗骨材の最大寸法に応じて表8.21の値を推奨している。

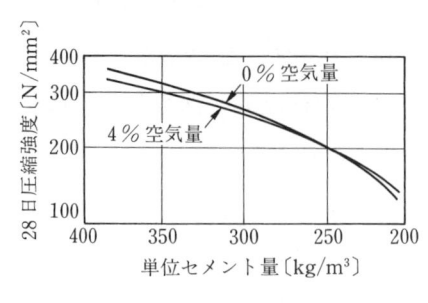

表8.21 AEコンクリートの適当な空気量[12]

粗骨材最大寸法〔mm〕	空気量〔%〕
15	6
20	5
25	4.5
40	4
50	3.5
80	3

図8.30 AEコンクリートの単位セメント量と圧縮強度との関係[12]

(2) 空気量に影響する諸因子

(a) AE剤の種類および量　AE剤は種類が多く，製品によって気泡発生能力が異なる。一般には空気量は，AE剤の使用量に比例してほぼ直線的に増加する。しかし，その程度は製品によって相異するので，製造業者の推奨している使用量を参照して，所要の空気量が得られるよう試験によって定める。

(b) セメントの種類と量　セメントが異なると空気量も異なり，粉末度および単位セメント量が増すと空気量は減少する。

(c) 骨材　一般に，細骨材の粒度による影響が大きく，特にコンクリートに連行される空気量は0.3〜0.6 mmの細粒分の増加とともに増加する。また，細骨材率（s/a）が小さくなるに従って空気量は減少する。

(d) 練混ぜ　ミキサーの型式，バッチ量，材料投入順序，練混ぜ時間などによって空気量は異なる。同一ミキサーでは，一回の練混ぜ時間が多いほど空気量は少なくなる。また，練混ぜ時間が長くても，短くても空気量は少なくなり，一般には3〜5分の練混ぜ時間で空気量は最大になる。

(e) コンクリートの温度　コンクリートの温度が低いほど空気量は増加

する。その程度は図 **8.31** のようになり，21℃の空気量を 100 とした場合，38℃で 77，10℃で 130 程度である。

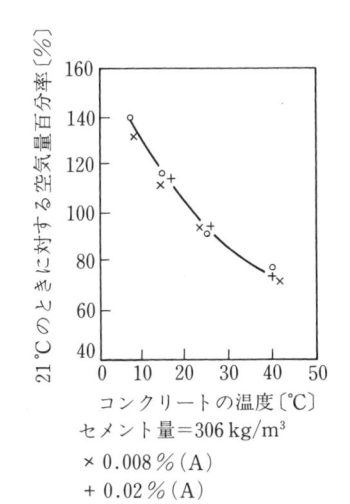

図 8.31 コンクリートの温度と空気量との関係(A, C は AE 剤の種類を示す)[12]

セメント量＝306 kg/m³
× 0.008％(A)
＋ 0.02％(A)
○ 31.4 cc(C)/セメント 50 kg

(f) 練置き時間　AE 剤の種類によってかなり異なるが，一般に練置き時間が長くなると空気量は減少する。その程度は，練混ぜ後約 30 分間で最高に達し，それ以降の減少は，はじめの空気量に関係なく 2〜3 ％ の一定値となる。

(g) 運搬，取扱い，締固め　コンクリート中の空気量は，運搬あるいは取り扱い中にかなり減少し，この傾向はスランプの大きいコンクリートほど著しい。

一方，振動機を用いて締固めると図 **8.32** の結果のように空気量は減る。しかし，振動機によって失われるのは一般に大きな気泡（エントラップトエア）であって，振動，締固めによって，AE コンクリートの特性が失われることはない。

(3) 空気量の測定　JIS では，フレッシュコンクリートの空気量を測定する方法として，重量方法 (JIS A 1116)，容積方法 (JIS A 1118)，水柱圧力方法 (JIS A 1117) および空気室圧力方法 (JIS A 1128) の 4 種類を規定している。

また，硬化したコンクリートの空気量を測定する方法には，圧力法，粉砕法，容積法，切断法（面積法と直線法），ベンゾール浸入法，水銀圧入法があ

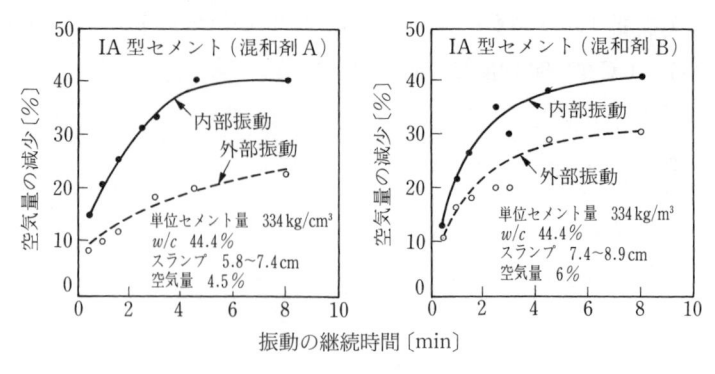

図 8.32 振動時間の影響[12]

る。これらのうち，切断法および水銀圧入法は空気量のほかに気泡の寸法とその分布状況を求めることができる。

（4） **ワーカビリティー**　AE剤を用いることによって，コンクリート中に混入する微細な独立した気泡は，あたかもボールベアリングのような働きをするため，コンクリートの流動性を増加させ，材料の分離に対する抵抗性を大きくする。

単位セメント量およびスランプを一定にした場合，骨材の最大寸法，骨材の種類，配合などによってやや異なるが，空気量1％の増加に対する水セメント比の減少は2～4％である。一般に貧配合のコンクリートほど気泡の混入による流動性の改善は顕著のようである。

また，図 8.33 は AE 剤を用いることによってコンクリートのブリーディングが減少することを示している。

（5） **耐久性**　AEコンクリートによって凍結融解に対する耐久性は著しく改善される。これは微細な気泡が分布している場合には，膨張圧による自由水の移動が容易となり，膨張圧が緩和され組織破壊が非常に少なくなるためであると説明されている。しかし，気泡間の平均間隔によって耐久性が支配され，一般に気泡間隔が大きい場合には膨張圧が大となるため組織破壊が生じる。したがって，同じ空気量であっても気泡の大きさや分布状態が重要であり，良質なAE剤を使用する必要がある。

8.6 各種コンクリート

図 8.33 AE コンクリートのブリーディング[12]

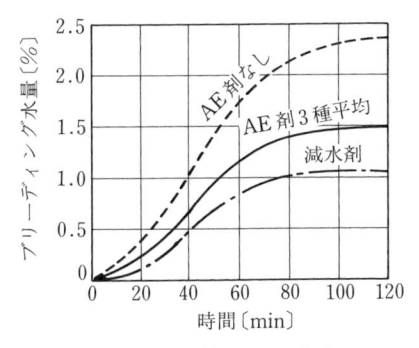

単位セメント量　280 kg/m³
スランプ　6.5 cm
空気量　5.0%

面積法によって求めた硬化コンクリートの空気量と凍結融解に対する抵抗性の関係を**図 8.34** に示す。これによると，わずかに空気量を連行しただけで耐久性は著しく改善されるが，さらに空気量を増加させても変化しないことを示している。

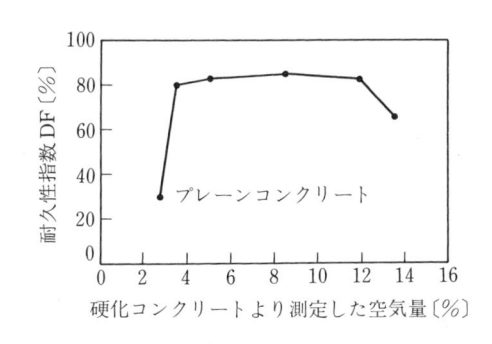

図 8.34 コンクリートの空気量と凍結融解抵抗性の関係[12]

そのほかに，空気を連行することによって水セメント比が小さくなる場合には，水密性，中性化，海水や化学的浸食に対する耐久性が改善される。

(6) 強　度　コンクリートの水セメント比を一定にして空気量を増すと，空気量 1% につき 4〜6% 圧縮強度が低下する（**図 8.35** 参照）。しかし，実際には空気量の増加にともなって単位水量が減少し，水セメント比が小さくなるので圧縮強度の低下はそれほど大きくない。さらに**図 8.35** を空隙

セメント比と強度との関係でプロットすると，図 8.36 のようにほぼ直線で表される。

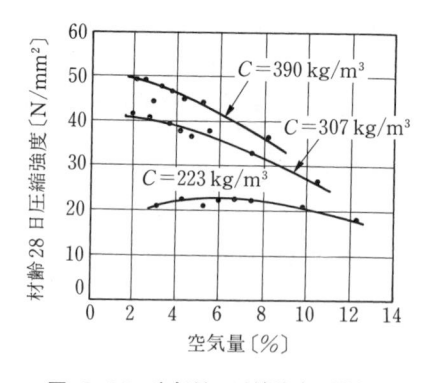

図 8.35 空気量と圧縮強度の関係（最大寸法 20 mm）スランプ一定，5〜7.5 cm[12]

図 8.36 空隙セメント比と強度との関係[13]

そのほかに，同一水セメント比の場合，空気量１％の増加によって曲げ強度は約2〜3％，ヤング係数は約 $(7〜8)×10^3$ kgf/cm² 程度それぞれ減少する。また，乾燥収縮は，図 8.37 に示すように同一単位水量の場合には空気量の増加につれてやや大きくなるが，スランプを一定にすれば単位水量が減少するので普通コンクリートとほとんど変わらない。

(7) 気泡分布　コンクリート中の気泡が，ワーカビリティーあるいは強度に及ぼす影響は，気泡の組織，すなわち気泡の粒径およびその分布状態に

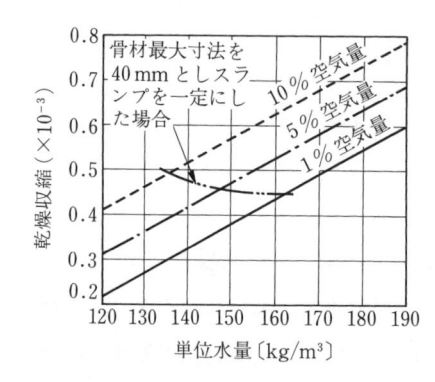

図 8.37 AE コンクリートの単位水量と乾燥収縮[13]

よって相違することが知られている。一般に，良質の AE 剤を使用したコンクリート中の気泡の大きさは，コンクリートの材料や配合条件によって多少の違いはあるが，直径 10～1 000 μm といわれ，コンクリート 1 m³ 中に数千億個の気泡が含まれている。また，コンクリートの凍結融解に対する抵抗性は 200 μm 以下の微細な気泡によるところが大とされている。

8.6.2 寒中コンクリート

日平均気温が 4°C 以下になることが予想されるときに施工されるコンクリートを寒中コンクリートという。寒中コンクリートの施工においてはコンクリートの硬化時間が長くなったり，凍結のおそれもあるので，コンクリートの施工には適切な処置をとらなければならない。

寒中コンクリートの施工にあたって特に注意すべきことは，

1) 凝結硬化初期に凍結させないこと
2) 養生終了後，春までに受ける凍結融解作用に対して十分な抵抗性をもたせること
3) 工事中の各段階で予想される荷重に対して十分な強度をもたせることである。

〔1〕 **材料および配合**　セメントは，ポルトランドセメントを用いるのを標準とする。中庸熱ポルトランドセメントのような水和熱の低いセメントを用いる場合には，特に十分な保温養生が必要である。普通ポルトランドセメントでは初期強度の確保が難しい場合には，早強ポルトランドセメントの使用が効果的である。さらに緊急工事用セメントとして超速硬セメント，アルミナセメントがあるが，これを用いると冬期であっても養生時間を短くできる。

材料を加熱する場合，水または骨材を加熱することとし，セメントは直接熱してはならない。水の加熱は容易な点と熱容量の大きい点から有利である。骨材の加熱は，温度が均等で，かつ乾燥しない方法によらなければならない。しかし，骨材を 65°C 以上に熱すると取り扱いが困難になるし，セメントを急結させるおそれがあるので注意を要する。

寒中コンクリートには，AE コンクリートを用いる。これは，AE 剤または AE 減水剤を使用することによって，所要のワーカビリティーを得るのに必要な単位水量を減らせるほか，コンクリート中の水の凍結による害を少なくするためである。

単位水量は，初期凍害を少なくするため，所要のワーカビリティーが保てる範囲内で，できるだけ少なくする。

〔2〕 練混ぜ，運搬，打込み　コンクリートの練上り温度は，気象条件，運搬時間等を考え，打込み時に所要のコンクリート温度が得られるようにする。コンクリートの運搬および打込みは，熱量の損失を少なくするように行う。打込み時のコンクリート温度は，構造物の断面寸法，気象条件等を考え，新しく打込んだコンクリートが初期凍害を受けないよう 5～20℃ の範囲で定める。

コンクリートの打込み終了後，養生を始めるまでの間は，コンクリート表面温度が急冷される可能性があるため，打込み後ただちにシートその他適当な材料で表面を覆い，特に風を防ぐ。

〔3〕 養　　生　寒中コンクリートの養生方法としては，保温養生と給熱養生がある。保温養生は，断熱性の高い材料でコンクリートの周囲を覆い，セメントの水和熱を利用して所定の強度が得られるまで保温するものである。給熱養生は，気温が低い場合あるいは断面が薄い場合に，保温のみで凍結温度以上の適温に保つことが不可能なとき，給熱により養生するものである。寒中コンクリートの養生は，コンクリートの配合，強度，構造物の種類，断面の厚さ，外気温等を考慮して，その方法および期間，養生温度等を計画する。

コンクリートが初期凍害を受けると，その後養生を続けても強度の増進が少ない。したがって，所定の強度が得られるまで，打込まれたコンクリートのどの部分も凍結しないように保護する。

激しい気象作用を受けるコンクリートは**表 8.22** の圧縮強度が得られるまでコンクリートの温度を 5℃ 以上に保ち，さらに 2 日間は 0℃ 以上に保たなければならない。

保温養生あるいは給熱養生を終った後，温度の高いコンクリートを急に寒気

表 8.22 激しい気象作用を受けるコンクリートの養生終了時の所要圧縮強度の標準〔N/mm²〕(示方書)[8]

構造物の露出状態 \ 断面	薄い場合	普通の場合	厚い場合
(1)連続して,あるいはしばしば水で飽和される場合	15	12	10
(2)普通の露出状態にあり,(1)に属さない場合	5	5	5

にさらすと,コンクリートの表面にひび割れが生じるおそれがあるので,適当な方法で保護し表面が徐々に冷えるようにする。なお,養生終了後に寒気に接して凍結することが予想されるときは,養生の打切り直前には散水しない方がよい。

8.6.3 暑中コンクリート

日平均気温が 25 °C を超える時期に施工されるコンクリートを暑中コンクリートという。コンクリートの打込み時における気温が 30 °C を超えると,暑中コンクリートとしての諸性状が顕著になるので,暑中コンクリートとしての施工ができるように準備しておくことが必要である。気温が高いと,それに伴ってコンクリート温度も高くなり,運搬中のスランプの低下,連行空気量の減少,コールドジョイントの発生,表面の水分の急激な蒸発によるひび割れの発生,温度ひび割れの発生などの危険性が増す。このため,打込み時および打込み直後において,できるだけコンクリートの温度が低くなるように,材料の取り扱い,練混ぜ,運搬,打込みおよび養生等について特別の配慮が必要である。

〔1〕 **材料および配合** コンクリートの材料は,温度ができるだけ低くなるように配慮をして使用する。減水剤,AE 減水剤および流動化剤は,JIS A 6204 および土木学会基準「コンクリート用流動化剤品質規準」に適合する遅延形のものを用いるのを標準とする。

コンクリートの配合は,所要の強度およびワーカビリティーが得られる範囲内で単位水量および単位セメント量をできるだけ少なくする。

〔2〕 **練混ぜ,運搬,打込み** コンクリートの練上り温度は,気象条件,運搬時間等を考慮して,打込み時に所定のコンクリート温度が得られるようにする。

コンクリートの運搬は，運搬中にコンクリートが乾燥したり，熱せられたりすることの少ない装置および方法によらなければならない。

コンクリートの打込みはできるだけ早く行い，練混ぜてから打ち終わるまでの時間は，1.5時間を超えてはならない。打込み時のコンクリート温度は35℃以下とする。また，打込みはコールドジョイントをつくらないよう適切な計画に基づいて行われなければならない。

〔3〕**養　　生**　コンクリート打込み後，速やかに養生を開始し，コンクリートの表面を乾燥から保護する。また，特に気温が高く湿度が低い場合には，打込み直後の急激な乾燥によってひび割れが生じることがあるので，直射日光，風等を防ぐために必要な処置を施す。

8.6.4　レディーミクストコンクリート

レディーミクストコンクリート（ready mixed concrete）とは，コンクリート製造設備をもつ工場で製造され，フレッシュコンクリートの状態で施工現場に配達されるコンクリートのことである。通称**生コン**と呼ばれている。JIS A 5308「レディーミクストコンクリート」には，レディーミクストコンクリートの種類，品質，配合，材料，製造，品質管理，試験方法等が規定され，さらに附属書にはレディーミクストコンクリート用骨材およびこれに関する試験方法等が定められている。示方書では，練混ぜてから打込みを終わるまでの時間を25℃を超えるときで1.5時間，25℃以下のときは2時間を超えてはならないと定められている。

レディーミクストコンクリートの種類は，**表8.23**に示すように，普通コンクリート，軽量コンクリートといった種類と粗骨材の最大寸法，スランプおよび呼び強度の組合せで定められている。発注する場合には，コンクリートの種類，空気量，粗骨材の最大寸法，スランプおよび呼び強度を指定する。

コンクリートの設計基準強度は，一般には材齢28日における強度で示されるので，JIS A 5308の呼び強度も材齢28日の試験値に基づいている。

コンクリートの耐久性，水密性，化学作用に対する抵抗性等を確保するうえ

表 8.23　JIS A 5308 によるレディーミクストコンクリートの種類（示方書）[8]

コンクリートの種類	粗骨材の最大寸法〔mm〕	スランプ〔cm〕	呼び強度							
			18	21	24	27	30	33	36	40
普通コンクリート	20, 25	8, 12	○	○	○	○	○	○	○	○
		15, 18	○	○	○	○	○	○	○	○
		21	—	○	○	○	○	○	○	○
	40	5, 8, 12, 15	○	○	○	○	○	—	—	—
軽量コンクリート	15, 20	8, 12, 15	○	○	○	○	○	○	—	—
		18, 21	○	○	○	○	○	—	—	—

で，水セメント比の上限値を規制することが必要な場合には，この値を指定する。

空気量の標準値は，粗骨材の最大寸法に応じて，4～7％，JIS A 5308 では普通コンクリートで4.5％，軽量コンクリートで5.0％である。したがって，特に耐凍害性を高める目的で空気量をJISの値より大きくする場合には，その値を指定する。

8.6.5　水中コンクリート

水中で打設するコンクリートを**水中コンクリート**（under-water concrete）という。水中コンクリートを用いた構造物には，海洋等の水面下の広い空間の中で比較的広い面積にコンクリートを打込んでつくる構造物と，場所打ち杭あるいは地下連続壁のように，比較的狭い箇所にコンクリートを打込んでつくる構造物とがある。

〔1〕　**一般の水中コンクリート**　スランプは**表 8.24**を標準とする。示方書では水セメント比は50％以下で，単位セメント量は，370 kg/m³以上と規定している。

水中コンクリートの打込みの原則は以下のとおりである。

表 8.24　水中コンクリートのスランプの標準（示方書）

施工方法	スランプの範囲〔cm〕
トレミー，コンクリートポンプ	13～18
底開き箱，底開き袋	10～15

1) コンクリートは，静水中に打込むのを原則とする．
2) コンクリートは，水中を落下させてはならない．
3) コンクリートは，その面をなるべく水平に保ちながら所定の高さまたは水面上に達するまで，連続して打込まなければならない．
4) 打込み中，コンクリートをできるだけかき乱さないようにしなければならない．
5) コンクリートが硬化するまで，水の流動を防がなければならない．
6) 一区画のコンクリートを打込み終った後，レイタンスを完全に除かなければ，つぎの打込みを始めてはならない．
7) コンクリートは，トレミーもしくはコンクリートポンプを用いて打込むのを原則とする．やむを得ない場合には底開きの箱または底開きの袋を用いてよい．

〔2〕 **水中不分離性コンクリート**　水中不分離性コンクリートは，打込み時には所定の水中不分離性，締固めなしで施工できる程度の流動性を有し，また，硬化後には所定の強度，耐久性ならびに鋼材を保護する性能を有していなければならない．コンクリートがそれらの品質を十分に確保するためには，所定の性能を有する水中不分離性混和剤を使用する必要がある．しかしながら，市販の水中不分離性混和剤の種類はきわめて多いので，工事に使用する場合には，少なくとも JSCE-D 104「コンクリート用水中不分離性混和剤品質規格（案）」に適合したものを使うことになっている．

　水中不分離性コンクリートの配合強度は，設計基準強度に，現場において予想されるコンクリートの変動係数より求めた割増し係数を乗じた値とする．

　なお，鉄筋への腐食作用，コンクリートへの化学作用等を考慮して水セメント比を定める場合には，その最大値は**表 8.25**を標準とする．

　水中不分離性コンクリートを練混ぜるためには，あらかじめセメント，骨材および水中不分離性混和剤をプラントで空練りし，その後，水と高性能減水剤を投入して練り混ぜることが必要である．

　打込みは，静水中で，水中落下高さは 50 cm 以下とし，コンクリートポン

表 8.25 耐久性から定まるコンクリートの最大水セメント比
（示方書）

コンクリートの種類	無筋コンクリート	鉄筋コンクリート
淡　水　中	65	55
海　　　水	60	50

プあるいはトレミーを使用することを原則とし，水中不分離性コンクリートの品質低下を生じさせないよう行わなければならない。水中流動距離は，5m以下とする。

8.6.6 プレパックドコンクリート

あらかじめ型枠内に，特定の粒度をもつ粗骨材を詰めておき，その空隙に特殊なモルタルを適当な圧力で注入して製造するコンクリートを**プレパックドコンクリート**（prepacked concrete）という。この工法は1953年に米国から技術導入されて以来，港湾工事など水中にコンクリート構造物を造る場合等に利用されてきた。特殊なモルタルとは，流動性が大きく，材料分離が少なく，かつ適度な膨張性を有する注入モルタルのことである。

プレパックドコンクリートは，絶対容積で40％のモルタル部分と約60％の粗骨材部分からなっている。粗骨材については，粗骨材中に小さい粒子が多いと，注入モルタルが十分に充填しにくいため，普通は15mm以下の細粒を除いた粒度となっている。

プレパックドコンクリートの特性は以下のとおりである。

1) フライアッシュセメント，あるいは普通セメントにフライアッシュを混合して用いるため，初期強度は普通コンクリートより小さいが，長期強度は大きい。
2) 乾燥収縮量は普通コンクリートの約1/3である。
3) 水密性や化学薬品に対する抵抗性が高い。
4) 旧コンクリートとの付着強度は，普通コンクリートの場合よりはるかに大きい。

施工方法は，一般，大規模，高強度の場合に分けられる。大規模プレパックドコンクリートとは，施工速度が 40〜80 m³/h 以上，または 1 区画の施工面積が 50〜250 m² 以上の場合である。高強度プレパックドコンクリートとは，材齢 91 日で 40〜60 N/mm² の圧縮強度を必要とする場合である。

8.6.7 吹付けコンクリート

吹付けコンクリートは，トンネルや大空洞構造物の覆工，法面(のり)，斜面あるいは壁面の風化やはく離，はく落の防止等の施工に適用される。

施工法は，乾式工法と湿式工法に大別される。前者は，ノズルで水とドライミックスされた材料を混合するので，品質はノズルマンの熟練度，能力によって左右される。また，粉塵の発生やはね返りは一般に多い。後者は水を含め各材料をあらかじめ正確に計量し，かつ，十分に練混ぜるので，品質の管理が容易であり，乾式工法に比べ粉塵の発生，はね返りは一般に少ない。

吹付けコンクリートは
1) 急結剤の添加により早期に強度を発現させることができること
2) 型枠が不要で，急速施工が可能なこと
3) 比較的小規模で可搬の機械設備で施工できること
4) 上方，側方を含む任意方向に施工が可能であること
5) プラントから離れた狭小な場所，また，急斜面など悪作業条件下での施工が可能であること

などの優れた長所を有しているので多方面に広く使用されている。

また，一方
1) はね返りなどの材料損失が多いこと
2) 平滑な仕上げ面が得にくいこと
3) 吹付け面から湧水がある場合は付着が困難なこと
4) 吹付け作業時に粉塵が発生すること
5) 施工条件，ノズルマンの技術により，施工性，品質などにばらつきが生じやすいこと

6) 水密性にやや欠けること

などの短所もあるので，注意して施工する必要がある．

8.6.8 膨張コンクリート

膨張コンクリートは，膨張材をセメント，水，細骨材，粗骨材およびそのほかの混和材料とともに練混ぜたもので，硬化後も体積膨張を起こすコンクリートの総称である．膨張コンクリートを膨張力の大きさから分類すると，収縮補償用コンクリートとケミカルプレストレス用コンクリートに大別される（図 8.38 参照）．

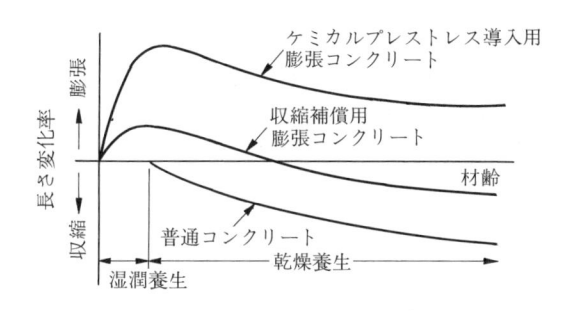

図 8.38 膨張コンクリートの膨張特性

収縮補償用コンクリートの膨張率は，150×10^{-6} 以上，250×10^{-6} 以下であることを標準とする．また，ケミカルプレストレス用コンクリートの膨張率は，200×10^{-6} 以上，700×10^{-6} 以下であることを標準とする．コンクリートの膨張率は，一般に材齢 7 日における試験値を基準とする．膨張コンクリートの強度は，一般に材齢 28 日における圧縮強度を基準とする．

〔1〕 **材料および配合** セメントの種類によって膨張力の大きさが影響されることがあるが，現在までのところ，普通，中庸熱，早強セメントおよびシリカセメント，フライアッシュセメントのＡ種および高炉セメントのＡ種，Ｂ種を用いた範囲では特異な膨張性状が見られないことが確認されている．

膨張材は，原則として，JIS A 6202 に適合したものを用いる．わが国では，カルシウムサルフォアルミネート系（CSA系）と石灰系の膨張材が使用され

ている。膨張コンクリートの場合でも，通常のコンクリートと同様に，所要の性能をもつ範囲内で単位水量をできるだけ少なくするよう定める。単位膨張材量は，所要の膨張率が得られるよう，試験によって定める。ケミカルプレストレス用コンクリートの単位セメント量は，260 kg/m³ 以上とする。

〔2〕 **練混ぜおよび養生**　膨張コンクリートの材料は，練上りコンクリートが均等質になるまで，十分練混ぜることが必要である。練混ぜが不十分であると，局部的に膨張材が過剰混和状態となり，コンクリートが硬化後，部分的に強度低下あるいは膨張破壊の危険性があるので，所定の練混ぜ時間を十分遵守しなければならない。

膨張コンクリートは，打込み後少なくとも 5 日間，つねに湿潤状態に保つ。膨張コンクリートにおいては，強度を発現させるだけでなく，所要の膨張率を得るため，特に，材齢初期における湿潤養生が重要である。

8.6.9　高強度コンクリート

高強度コンクリート (high strength concrete) とは，一般に 60 N/mm² 程度以上のものをいう。コンクリートの高強度化は，コンクリート構造物の部材断面の縮小や，自重が低減できるので構造物の大型化，大スパン化，高層化が可能となる。

〔1〕 **高強度化の方法**　コンクリートの高強度化の方法は，図 8.39 に示すように

1) セメント硬化体の高強度化
2) 骨材とセメントペーストの界面である遷移帯の改質
3) 骨材の選定

である。

セメント硬化体の高強度化は，空隙，特に毛細管空隙を減少させ微密化にすることである。この方法としては，水セメント比の低減および水和物生成量の増大が挙げられる。

水セメント比の低減による高強度化は，練混ぜ水量を少なくし，硬練りコン

8.6 各種コンクリート

```
コンクリートの高強度化
├─ セメント硬化体の高密度化
│   ├─ 毛細管空隙の減少
│   │   ├─ 減水効果（水セメント比の低減）
│   │   │   ├─ 硬練りコンクリート
│   │   │   │   └─ 成形方法 ─┬─ 振動締固め
│   │   │   │                ├─ 加圧締固め
│   │   │   │                └─ 遠心力成形
│   │   │   ├─ 高性能AE減水剤／超微粉末 ─→ DSP
│   │   │   ├─ MDF
│   │   │   └─ セメントの種類 ─┬─ 高ビーライト系セメント
│   │   │                      └─ 球状化セメント
│   │   └─ 水和物生成量増大効果
│   │       ├─ セメントの種類 ─┬─ 早強セメント
│   │       │                  └─ シリカセメント
│   │       ├─ 混和材料 ─┬─ 超微粉末
│   │       │            └─ エトリンガイト生成系
│   │       ├─ 養生期間
│   │       └─ 促進養生 ─┬─ オートクレーブ養生
│   │                    └─ 蒸気養生
│   └─ 空隙の減少 ─ 他物質の含浸 ─ 樹脂含浸コンクリート
├─ 界面（遷移帯）の改質
│   └─ 付着性状の改善／欠陥の減少
│       ├─ 充てん性／ポゾラン反応性 ─→ 超微粉末
│       └─ 界面反応 ─→ クリンカー
└─ 骨材の選定
    ├─ 優れた力学性状 ─→ 硬質骨材
    └─ 粒径
```

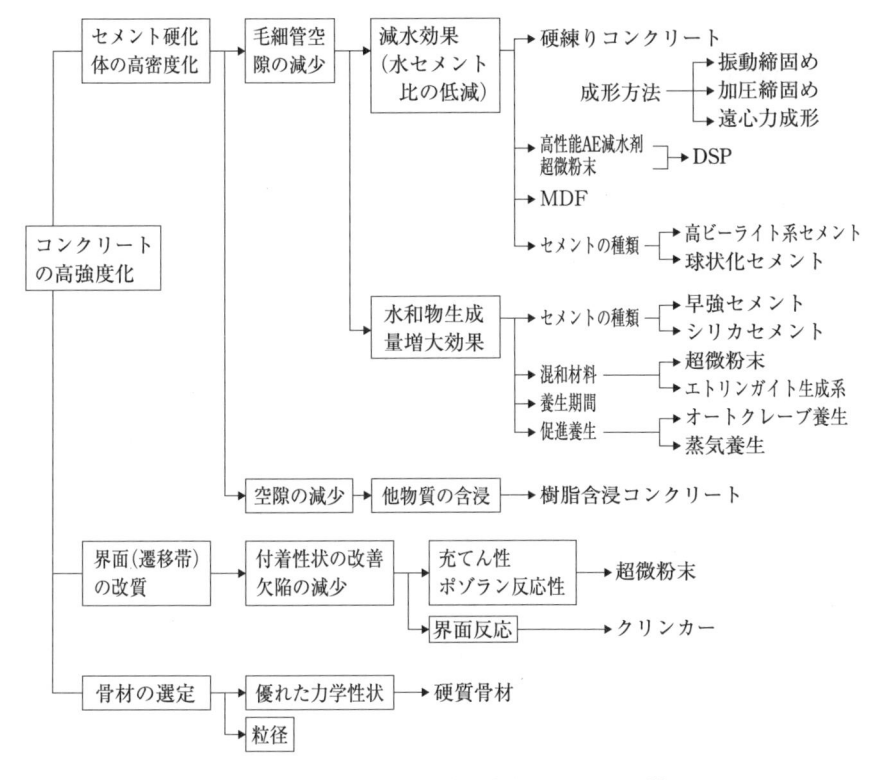

図 8.39 コンクリート高強度化のアプローチ[17]

クリートを遠心力成形や振動締固め，あるいは加圧締固めなどにより成形する方法である．わが国最初の高強度コンクリートは加圧と振動締固めを利用したもので，材齢28日で100 N/mm²程度の圧縮強度が報告されている．これに対し所要のワーカビリティーを確保し，水セメント比を低減する方法は高性能（AE）減水剤を利用するものであり，水セメント比を30％程度まで低減できる．なお，これは上述の成形方法と併用される場合もある．

水和物の生成量を増加させ，空隙，特に毛細管空隙を減少させることによっても，高強度化は達成される．早強ポルトランドセメントを用いれば，初期材齢では普通ポルトランドセメントなどと比べて水和率は高く水和物生成量が増加し，空隙が減少する．また，短時間にセメントの水和を進行させる蒸気養生

やオートクレーブ養生などの促進養生も水和物生成の増大には重要である．さらに，オートクレーブ養生で，シリカセメントやケイ酸質材料を利用すると，それらが高温高圧条件下で$Ca(OH)_2$と反応し，C-S-Hを生成することにより，硬化体の毛細管空隙は減少する．

骨材とセメントペースト（マトリックス）の界面に生成する遷移帯の改質も高強度化には重要である．遷移帯では，マトリックスより多くの水酸化カルシウムが生成しており，空隙もマトリックス中より多い．この遷移帯の存在によりマトリックスと骨材との付着性状も悪くなる．シリカヒュームなどのポゾラン反応性を有する混和材を用いると骨材周囲の水酸化カルシウムが混和材と反応し，遷移帯の空隙はマトリックスと同じになり，骨材とマトリックスの付着性状も改善される．参考として，高強度化手法と高強度コンクリートの用途例を**表 8.26** に示す．

表 8.26 高強度化の方法と高強度コンクリートの用途[17]

目標とする圧縮強度 〔N/mm^2〕	高強度化手法*	用 途
60 程度	・高性能(AE)減水剤 （早強セメント，高ビーライトセメント）	プレストレストコンクリート，高層RC，ヒューム管，まくら木，地下連続壁など
60〜100	・高性能(AE)減水剤＋早強セメントor高ビーライト系セメント ・高性能(AE)減水剤＋オートクレーブ養生 ・高性能(AE)減水剤＋超微粉末系（蒸気養生） ・高性能(AE)減水剤＋エトリンガイト生成系混和材(蒸気養生)	高強度杭，ポール，高強度推進管，橋梁，地下連続壁，海洋構造物，高層RC，耐摩耗コンクリート，機械ベッドなど
＞100	・高性能(AE)減水剤＋超微粉末系＋硬質骨材(蒸気養生) ・高性能(AE)減水剤＋エトリンガイト生成系混和材＋硬質骨材(蒸気養生) ・DSP	高層RC，埋設型枠，金属代替（金庫など）など

* 括弧内は併用される場合がある技術であり，また，高強度コンクリート製品では振動締め固めや遠心力成形などを併用している場合が多い．

8.6 各種コンクリート

〔2〕高強度コンクリートの力学特性

(1) 強度 普通コンクリートでは，一般に骨材強度がセメントペースト強度より高いので，コンクリートの圧縮強度はセメント水比の増加とともにほぼ直線的に増加する。高強度コンクリートも，良質な骨材を用い，かつ，セメント水比が4程度以下であれば，セメント水比と圧縮強度の間には，直線関係が成立する。しかし，骨材強度が十分高くない場合は，図 8.40 に示すように，粗骨材の強度がコンクリートの圧縮強度に影響し，その程度は高強度になるほど大きい。

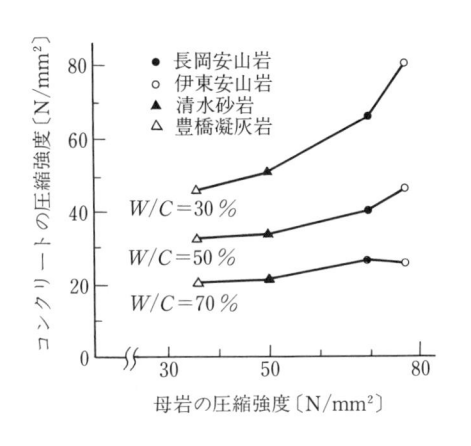

図 8.40 岩石母岩の圧縮強度とコンクリートの圧縮強度の関係〔迫田恵三：コンクリート工学年次講演論文集, 8, pp. 233-236(1986)より〕

コンクリートの割裂引張強度 f_t および曲げ強度 f_b は圧縮強度 f'_c が高いほど高くなる。しかし，圧縮強度に対する割裂引張強度の比および圧縮強度に対する曲げ強度の比は圧縮強度が高いほど小さくなる。これら3者の間には以下の式が提案されている。

$$f_t = 0.59 {f'_c}^{0.5} \quad (\text{N/mm}^2) \quad (21 \leq f'_c \leq 83) \tag{8.18}$$

$$f_t = 0.291 {f'_c}^{0.637} \quad (\text{N/mm}^2) \quad (20 \leq f'_c \leq 120) \tag{8.19}$$

$$f_b = 0.440 {f'_c}^{0.678} \quad (\text{N/mm}^2) \quad (20 \leq f'_c \leq 120) \tag{8.20}$$

(2) 応力-ひずみ曲線およびヤング係数 図 8.41 は，コンクリートの圧縮応力とひずみの関係の一例を示したものである。圧縮応力が増加すると，粗骨材とモルタルマトリックスの界面に付着ひび割れが発生し，これにより応

力-ひずみ曲線が非線形になる。応力の増加とともに付着ひび割れはマトリックスのひび割れへと進展する。高強度コンクリートの応力-ひずみ曲線が普通コンクリートと比較して線形的であるのは，粗骨材とモルタル付着強度およびモルタルマトリックス強度が高いため高応力域までこれらのひび割れの発生が少ないことに起因する。

コンクリートのヤング係数は，一般に圧縮強度とともに増加するが，高強度域においては増加割合が小さくなる。

(3) 収 縮　普通コンクリートでは，自己収縮に比べて乾燥収縮が大きいので，乾燥条件下で生じる収縮の大部分は乾燥収縮である。乾燥収縮は水セメント比が小さいほど小さくなるのに対し，自己収縮は，図 8.42 に示すように，水セメント比が小さいほど大きくなる。その結果，高強度になるほど収縮に占める自己収縮の割合が大きくなる。

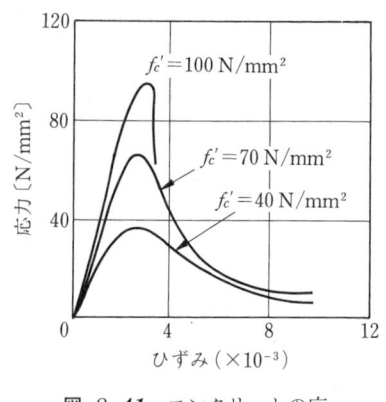

図 8.41　コンクリートの応力-ひずみ曲線[17]

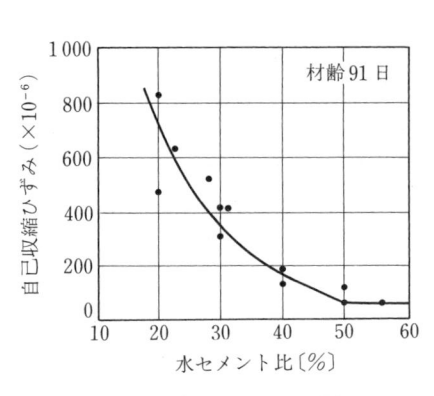

図 8.42　水セメント比と自己収縮ひずみの関係[17]

(4) クリープ　図 8.43 は材齢 28 日で載荷された場合の高強度コンクリートのクリープをシール条件下および乾燥条件下で測定した結果を示している。これにより圧縮強度が高いほど基本クリープは小さくなることがわかる。

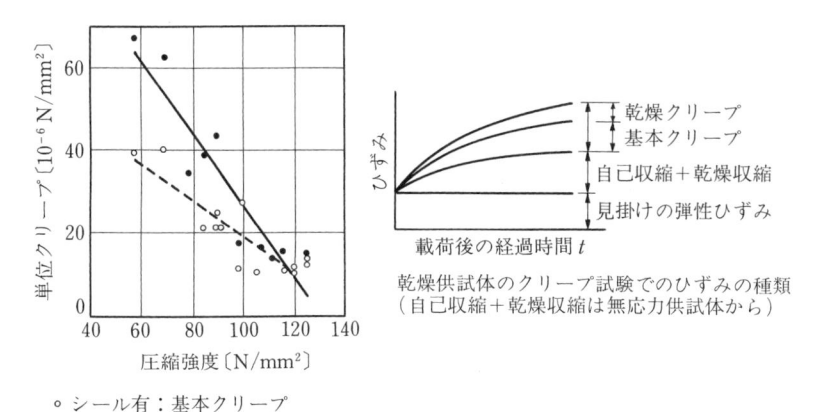

図 8.43 コンクリートの圧縮強度と単位クリープの関係[17]

○ シール有：基本クリープ
● シール無：基本クリープ＋乾燥クリープ
　　（20℃, 65％, R. H.）

8.6.10 軽量骨材コンクリート

わが国で軽量骨材コンクリートが土木構造物に使用されてから，すでに長い年月が経過し，長期的耐久性も実証されつつあり，設計および施工に関する経験の積み重ねによって，特に注意を要する事項を除けば，現在では普通骨材コンクリートとほとんど同様に取り扱えるようになってきている。

軽量骨材を使用する場合，普通骨材との組合せによってつぎの3種類がある。
1) 細，粗骨材ともに軽量骨材を用いる方法
2) 細骨材の一部または全部に軽量骨材を用いる方法
3) 粗骨材の一部または全部に軽量骨材を用いる方法

軽量骨材コンクリートは，普通骨材コンクリートと同程度の圧縮強度が得られ，圧縮強度以外の強度も大体圧縮強度によって判断することができる。しかし，骨材強度に限界があるため，軽量骨材コンクリートの実用上の圧縮強度の限界は $60 \mathrm{~N/mm^2}$ 程度で，引張およびせん断強度は同じ圧縮強度の普通骨材コンクリートの60～80％程度，ヤング係数は普通骨材コンクリートの40～80％程度でかなり小さいことに留意することが必要である。軽量骨材コンクリートは，局部的に大きな衝撃力が作用すると欠けやすい欠点をもっている。この

ため衝撃力を受けるおそれのある部分には，十分な用心鉄筋を配置することや，部材のかどには大きめの面を取るなどの配慮が必要である。

軽量骨材コンクリートは，普通骨材コンクリートに比べて，凍結融解作用に対する抵抗性が一般に低い傾向を示す。しかし，過去の実例または凍結融解試験によってその耐久性が確かめられている軽量骨材を用いた AE コンクリートでは，一般の場合，気象作用に対して十分な耐凍害性を有するコンクリートを得ることができる。

軽量骨材コンクリートは，スランプが 12 cm 以下であればブリーディングが少なくて均等質なコンクリートが得られるので，一般に，水密性は普通骨材コンクリートと同程度に良好である。

軽量骨材コンクリートの施工にあたって，普通骨材コンクリートの施工と異なる点は，一般に，骨材のプレウェッティングを必要とすること，必ず AE コンクリートとして施工することである。

軽量骨材は普通骨材に比べ吸水しやすいので，軽量骨材を乾いた状態で用いると，コンクリートの練混ぜ，運搬，打込み中に品質が変動しやすい。したがって，一般にプレウェッティングさせた状態で用いるのがよい。

〔**1**〕 **配　　合**　　軽量骨材コンクリートの配合は，所要の強度，単位容積質量，耐凍害性および水密性をもち，作業に適するワーカビリティーをもつ範囲内で単位水量をできるだけ少なくするよう試験によって決める。また，軽量骨材の種類によっては耐凍害性が劣ったりする場合があるので，軽量骨材コンクリートは AE コンクリートとする。

コンクリートの水セメント比は，コンクリートに要求される強度，耐久性，水密性，ひび割れ抵抗性および鋼材を保護する性能を考え，これから定まる水セメント比のうちで最小の値を選ぶ。コンクリートのスランプは，作業に適する範囲で，できるだけ小さく選ぶ。スランプは，一般の場合 5〜12 cm を標準とする。軽量骨材コンクリートの空気量は，普通骨材コンクリートより 1％程度大きくする。

〔**2**〕 **軽量骨材コンクリートの性質**　　軽量骨材コンクリートの単位容積質

8.6 各種コンクリート

表 8.27 軽量骨材コンクリートの単位容積質量[18]

骨材		コンクリートの単位容積質量 [t/m³]
粗骨材	細骨材	
人工軽量骨材	人工軽量骨材	1.6 ～1.7
人工軽量骨材	普通砂	1.9 ～2.0
人工軽量骨材 50％ 川砂利または砕石 50％	人工軽量骨材	1.85～2.0
人工軽量骨材	人工軽量骨材 50％ 普通砂 50％	1.8 ～1.9

量は骨材の組合せおよび含水率，単位セメント量等によって相違するが**表 8.27** のとおりである。

国産の膨張頁岩骨材を用いたコンクリートの圧縮強度の限界は実用的には 70 N/mm² 程度である。しかし図 **8.44** に示すように，セメント水比と 28 日圧縮強度の関係は圧縮強度が 40～45 N/mm² 以下の範囲では普通コンクリートと同様であるか，それ以上の範囲では勾配がゆるやかとなり，C/W の増加に伴う圧縮強度の増加は少ない。

軽量骨材コンクリートの引張強度および曲げ強度と圧縮強度の関係は，供試体が湿潤状態の場合は**表 8.28** に示すように普通コンクリートの場合よりやや小さい。

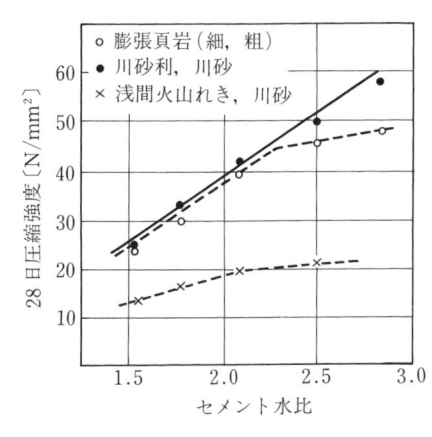

図 8.44 セメント水比と圧縮強度との関係
〔樋口芳朗：60年版現場のための土木材料ハンドブック，p.125, 山海堂(1985)より〕

表 8.28 引張強度および曲げ強度と圧縮強度との関係[19]

骨材	引張強度／圧縮強度	曲げ強度／圧縮強度
軽量骨材	$\frac{1}{9} \sim \frac{1}{15}$	$\frac{1}{6} \sim \frac{1}{10}$
普通骨材	$\frac{1}{9} \sim \frac{1}{13}$	$\frac{1}{5} \sim \frac{1}{7}$

備考　圧縮強度＝20～40 N/mm²

軽量骨材コンクリートの応力-ひずみ曲線は普通骨材コンクリートに比べて勾配はゆるやかであるが直線に近い。

軽量骨材コンクリートのポアソン比は，許容応力付近で0.2前後であって普通骨材コンクリートの場合よりやや大きい。クリープひずみは普通骨材コンクリートよりやや大きい。乾燥収縮の一般的傾向は普通骨材コンクリートより小さいが，最終値ではほぼ同じである。

細粗とも軽量骨材を用いたコンクリートの水密性は一般に普通コンクリートより優れており，粗骨材のみ軽量骨材コンクリートを用いたコンクリートの水密性は普通骨材コンクリートと同等である。

8.6.11 鋼繊維補強コンクリート

鋼繊維補強コンクリートは不連続の短い鋼繊維をコンクリート中に一様に分散させることによって，引張強度，曲げ強度，ひび割れに対する抵抗性，タフネス（靭性），せん断強度，耐衝撃性などの改善を図った複合材料である。繊維には鋼繊維以外にガラス繊維，炭素繊維，アラミド繊維，プラスチック繊維等があるが，この章では鋼繊維を用いたコンクリートを対象とする。

鋼繊維は，一般に長さが 25～65 mm，直径が 0.3～0.6 mm で直径に対する長さの比率（アスペクト比）が 50～100 程度のものが用いられており，そのコンクリートに対する混入率の範囲は容積百分率で 0.5～2.0 %（約 40～160 kg/m^3）である。

鋼繊維は原則として JSCE-E 101「コンクリート用鋼繊維品質」に適合したものを用いる。規格には鋼繊維の公称長さが 25，30 および 40 mm のものに対する規格が定められている。

鋼繊維補強コンクリートの配合を定める際には，一般のコンクリートの配合を定める場合の配慮に加え，さらにコンクリートの曲げ強度およびタフネスが所要の値となるよう配慮する必要がある。

鋼繊維補強コンクリートの圧縮強度は一般のコンクリートと同様におもに水セメント比で定まり，鋼繊維混入率では定まらない。一般に鋼繊維混入率を増

大させると曲げ強度，せん断強度，付着強度，タフネスは増大する。しかし，その程度は鋼繊維の形状・寸法によっても異なり，特にタフネスはその影響を大きく受ける。ただし，通常の練混ぜ方法によって混入できる鋼繊維の量はコンクリート容積の 0.5〜2％ 程度である。

　ファイバーボール（繊維同士が絡まってボール状になること）をつくらずに，鋼繊維を均一にコンクリート中に分散させることは，所要の品質の鋼繊維補強コンクリートを得るために最も重要なことである。したがって，鋼繊維の選定ならびにミキサーへの投入箇所や投入順序も含めた鋼繊維の投入方法が鋼繊維補強コンクリートを製造する場合に最も大切となり，投入方法については十分な注意を払う必要がある。

　鋼繊維補強コンクリートの場合には，鋼繊維混入率が重要な品質管理項目であり，一般のコンクリートで要求される項目に加え，さらに鋼繊維混入率についても品質管理および検査を実施する。

　鋼繊維補強コンクリートの場合には，ひび割れ抵抗性や靱性が重要な品質管理項目であるが，これらの品質は強度およびタフネスで管理・検査することを原則としている。これに関して特に指定されていない場合には曲げ強度と曲げ靱性係数で品質管理および検査を実施する。判定基準としては表 8.29 による。

表 8.29　設計基準曲げ強度と曲げ靱性係数（示方書）[11]

設計基準曲げ強度	曲げ靱性係数
5.5 N/mm² 以上	3.5 N/mm² 以上
7.0 N/mm² 以上	5.5 N/mm² 以上
9.0 N/mm² 以上	7.0 N/mm² 以上

8.6.12　流動化コンクリート

　流動化コンクリートは，流動化剤の添加により流動性を高めたコンクリートである。製造を適切に行えば，流動化剤を添加する前のコンクリートの強度，そのほかの品質が損なわれることはほとんどない。流動化コンクリートの使用は，コンクリートの品質を変化させることなく，その打込みや締固めなどの施工性を改善する方法として有用であるだけでなく，コンクリートポンプによる

コンクリートの圧送性を改善するための有効な手段となりうる。また，スランプを一般のコンクリートの場合と同じにした流動化コンクリートを製造すれば，その単位水量や単位セメント量を低減させることが可能になるので，温度ひび割れの防止やコンクリートの高品質化にも役立つ。

流動化剤は，JSCE-D 101 に適合するものでなければならない。流動化剤には標準形のものと遅延形のものとがある。

流動化剤の主成分には，ナフタリン系，メラミン系，アミノスルホン酸系およびポリカルボン酸系など種々あるが，流動化剤とベースコンクリートに用いる AE 剤，減水剤または AE 減水剤の相互作用によって，それぞれの効果に悪影響を及ぼすことがあるので，流動化剤の選定にあたっては十分に注意することが必要である。

流動化コンクリートのスランプは，作業に適する範囲のものとし，原則として 18 cm 以下である。**表 8.30** は流動化コンクリートのスランプの標準範囲を示したものである。

表 8.30 流動化コンクリートのスランプの標準範囲（コンクリートの打込み位置におけるスランプ）（示方書）[11]

構造物の種類			スランプ〔cm〕
マッシブなコンクリート（例えば，大きい橋脚，大きい基礎など）			8〜12
比較的マッシブなコンクリート（例えば，橋脚，厚い壁，基礎，大きいアーチ等）			10〜15
厚い版			8〜12
一般の鉄筋コンクリート			12〜18
断面の大きい鉄筋コンクリート			8〜15
プレストレスコンクリートはり			10〜15
水密コンクリート			8〜15
トンネル覆工コンクリート			15〜18
軽量骨材コンクリート	鉄筋コンクリート	スラブ	12〜18
		は　　り	12〜18
		壁および柱	10〜15
	プレストレスコンクリートはり		10〜15

スランプ増大量は流動化剤の添加量に応じて大きくなるが，あまり大きくしすぎると材料分離を起こしやすくなり，強度および耐久性の低下につながるおそれがあるので，10 cm 以下を原則とし，5～8 cm を標準とする。

一般に，ベースコンクリートのスランプとしては，少なくとも 5～6 cm 以上とし，8～12 cm 程度とするのがよい。

流動化剤添加量は，通常セメント質量の 0.5％ 程度以下であるため，一般にはコンクリートの練上り容積の計算においては無視してよく，また，流動化剤量は単位水量の一部として考えなくてもよい。

コンクリートの流動化は，つぎのいずれかの方法による。

1) コンクリートプラントから運搬したコンクリートに工事現場で流動化剤を添加し，均一になるまでかくはんして流動化する。
2) コンクリートプラントでトラックアジテーター内のコンクリートに流動化剤を添加し，ただちに高速かくはんして流動化する。
3) コンクリートプラントでトラックアジテーター内のコンクリートに流動化剤を添加し，低速でアジテートしながら運搬して，工事現場到着後に高速かくはんして流動化する。

流動化コンクリートの再流動化は，原則として行わない。再流動化は，流動化剤の過剰添加による材料分離あるいはコンクリートの凝結遅延を引き起こしたり，耐久性，長期強度に悪影響を及ぼすことなどが考えられるからである。

演 習 問 題

【1】 コンクリートのワーカビリティーに影響する因子について説明せよ。

【2】 コンシステンシーの測定方法について説明せよ。

【3】 一般的配合のコンクリートを締め固めるときに，内部振動機の有効半径は概略値としていくらに取ればよいか答えよ。

【4】 コンクリートの材料分離の一種であるブリーディングによってどのような欠陥が生じるのか述べよ。

【5】 コンクリートの養生が大切な理由を説明せよ。

【6】 コンクリートの強度に影響する要因をあげよ。

【7】 コンクリートの曲げ強度が引張強度より大きいが，その理由を述べよ。

【8】 乾燥収縮とひび割れとの関係について述べよ。

【9】 エントレインドエアがコンクリートの凍結融解抵抗性に及ぼす影響について説明せよ。

【10】 コンクリートの非破壊試験の意義について述べよ。

【11】 AEコンクリートの特性について述べよ。

【12】 暑中コンクリートと寒中コンクリートの対策をそれぞれ対比して説明せよ。

【13】 プレパックドコンクリートについて述べよ。

【14】 膨張コンクリートについて述べよ。

【15】 軽量骨材コンクリートについて述べよ。

【16】 高強度コンクリートについて述べよ。

【17】 流動化コンクリートについて述べよ。

9

環境と建設材料

　社会基盤を整備する構造用材料としては土，鋼材，コンクリートなどがある。これらは今後とも大量に使用されていくことになる。構造物が大型化して形状や機能が複雑になり，使用される環境条件も厳しさを増していくと考えられる。これからの建設材料は環境を考慮し，再資源化できることが必要となる。

9.1 概　　　要

　20世紀は社会の経済活動が拡大し，国民生活の向上に伴う廃棄物排出量が増大した時代であるといえる。21世紀は，それまでの大量生産，大量消費，大量廃棄型の社会から脱却し，有限である資源を大切にリサイクルする「資源循環型社会」に転換していかなければならない。地球環境を維持するためには炭酸ガスの発生を抑えることが必要であり，リサイクルは省エネルギーにつながるように配慮してこそ価値あるものといえる。

　建設産業における廃棄物は，コンクリート塊，アスファルト・コンクリート塊，建設発生木材，建設汚泥，建設混合廃棄物，そのほかに分別される。平成7年度における廃棄物排出量は約1億トンにのぼり，そのうち約35％は埋め立て用などに使われてきた。しかし，建設廃棄物は**環境**（Environment）に与える影響が大きいことから，建設リサイクル法が施行され，建設副産物の再資源化が義務化されることとなった。建設リサイクル法によって，平成12年度における排出量は図 *9.1* に示すように，平成7年度に比べて8 500万トンと

162   9. 環境と建設材料

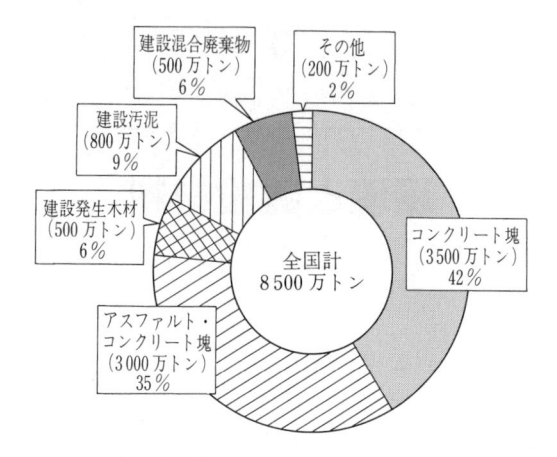

図 9.1 建設廃棄物の種類別排出量の割合(平成12年度)

建設混合廃棄物(500万トン) 6%
その他(200万トン) 2%
建設汚泥(800万トン) 9%
建設発生木材(500万トン) 6%
全国計 8500万トン
コンクリート塊(3500万トン) 42%
アスファルト・コンクリート塊(3000万トン) 35%

約15％減少している。また，図9.2に示すように廃棄物の再資源化率は，平成7年度の58％から平成12年度では85％に上昇している。これに伴う最終処分量は4100万トン（平成7年度）から1300万トン（平成12年度）と大きく減少している。

建設リサイクル法に基づく基本方針においては，2010年におけるコンクリート塊とアスファルト・コンクリート塊および建設発生木材の再資源化率の目標値が95％に設定されている。図9.2より，建設発生木材を除くほかの二

	平成7年度	平成12年度
建設混合廃棄物	9％	11％
建設汚泥	41％	14％
建設発生木材	38％	40％
コンクリート塊	96％	65％
アスファルト・コンクリート塊	98％	81％
建設廃棄物全体	85％	58％

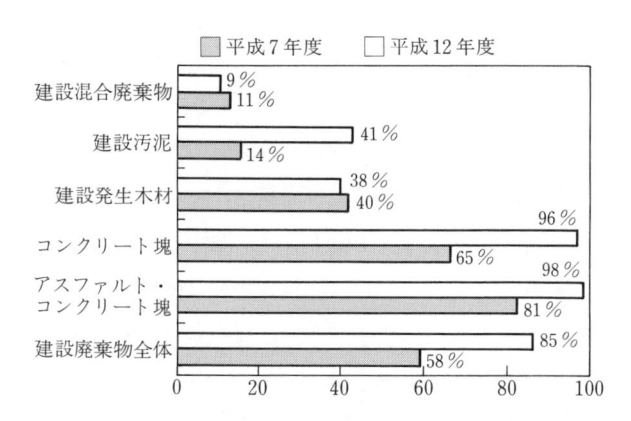

図 9.2 建設廃棄物の品目別リサイクル率〔％〕

つの品目は目標値の95％を超えているものの，高度成長期の構造物が寿命を終えて，多量の建設副産物が排出されると予想されることから，目標値をどのように維持していくかが課題となってくる。

9.2 建設副産物の再利用

9.2.1 コンクリート塊の再利用

RC構造物の解体に伴うコンクリート塊は多量に発生しており，今後はさらに現在量の5～6倍になると予想されている。従来，埋立て地などへの投棄処分を行ってきた廃材の投棄場所がなくなってきたことや資源を節約するためにも，コンクリート塊は再利用しなければならない。

コンクリート塊を再利用するためには原料の段階から再利用することに配慮し，分別収集されていることと再利用に適した大きさに砕かれていることが必要になる。図9.3にコンクリート用再生骨材の製造プラントにおけるフローチャートを示している。

土，微粒分，木材，鋼材および異物などを除去したのち，破砕されて再生細骨材や再生粗骨材となる。国土交通省では再生骨材の品質と再生骨材コンクリートの種類について，表9.1および表9.2に示すようにしている。

再生骨材の品質は，解体コンクリートの骨材の品質（密度，吸水率，安定性，単位質量），水セメント比，強度などに左右されることになる。水セメント比が小さく，強度の大きいコンクリート塊からの再生骨材は密度が大きく，吸水率は小さい。再生骨材の吸水率を3％以下とするためには付着したモルタルを除去しなければならない。しかし，付着モルタルを除去するためには大量のエネルギーを消費することや除去されたモルタルや微粒分が多量に発生することを考慮しなければならず，これらへの対策も必要となってくる。

再生骨材を用いたコンクリートの性質は水セメント比によって支配されるものの，再生骨材の品質，再生骨材の代替率の影響を受ける。再生骨材コンクリートはコンクリートの単位水量が大きくなる傾向があるので，AE減水剤など

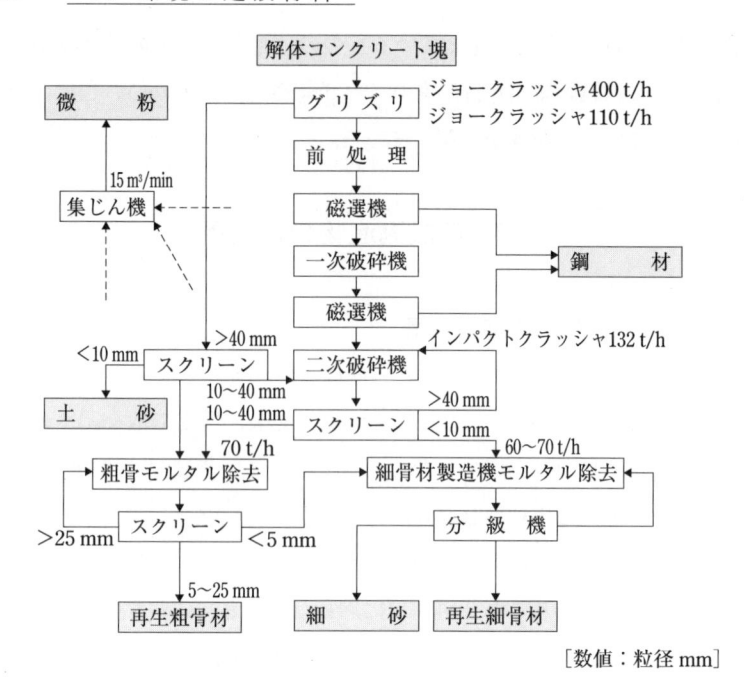

図 9.3 再生骨材生産システムの例[23]

表 9.1 再生骨材の品質[25]

項目	再生粗骨材			再生細骨材	
種別	1種	2種*	3種	1種	2種
吸水率〔%〕	3以下	3以下	5以下	7以下	5以下	10以下
安定性〔%〕	12以下	40以下	12以下	—	10以下	—

* 凍結融解耐久性を考慮しない場合，安定性は 40 %以下

を適切に使用しなければならない。細骨材および粗骨材に再生骨材を 100 % 用いたコンクリートは水セメント比にもよるが，圧縮強度や弾性係数が小さくなり，乾燥収縮は大きくなる傾向を示す。また，中性化や凍結融解などへの抵抗性も劣るので，コンクリート構造物に適用するためには使用箇所や部位に応じた再生骨材の使用を選定しなければならない。

表 9.2 再生骨材コンクリートの種類[23]

再生骨材コンクリートの種類	再生コンクリートの用途	使用骨材		適用する構造物の例
		粗骨材	細骨材	
I	鉄筋コンクリート,無筋コンクリートなど	再生粗骨材1種	普通骨材	橋梁下部工,擁壁,トンネルライニングなど
II	無筋コンクリートなど	再生粗骨材2種	普通骨材あるいは再生骨材1種	コンクリートブロック,道路付属物基礎,側溝など
III	捨てコンクリートなど	再生粗骨材3種	再生粗骨材2種	捨てコン,均しコン,建築物非構造物など

9.2.2 歴青材料の再利用

歴青材料の再生利用工法は**表 9.3**に示すように分類される。アスファルト・コンクリートはアスファルトが熱可塑性であることから，破砕後に粒度調整し新アスファルトを少量加えて加熱することで再生利用することが可能である。

表 9.3 再生利用工法の分類[27]

対象とする舗装発生材	再生する場所	再生材を適用する舗装構成層	再生工法
アスファルトコンクリート発生材,セメントコンクリート発生材,路盤発生材	プラント(定置式)	下層路盤	プラント再生舗装工法
	現位置	上層路盤	路上再生路盤工法
アスファルトコンクリート発生材	プラント(定置式)	基礎	プラント再生舗装工法
	現位置	表層	路上表層再生工法

〔日本道路協会：プラント再生舗装技術指針，p.2(1992)より〕

アスファルト・コンクリートの再利用に関しては，**図 9.4**に示すような再生加熱アスファルト混合物の製造工程があり，再生骨材と新骨材を加熱混合してアスファルト・コンクリートとして使用されている。

166   9. 環境と建設材料

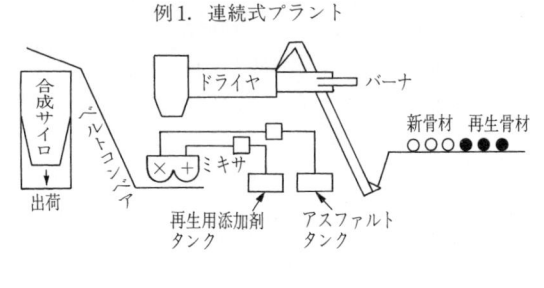

例1. 連続式プラント

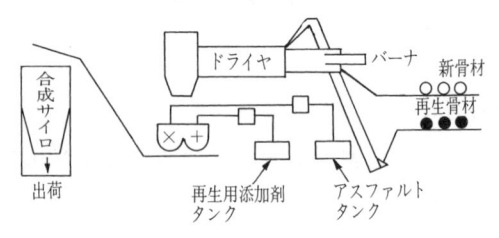

例2. 連続式プラント

例3. バッチ式プラント

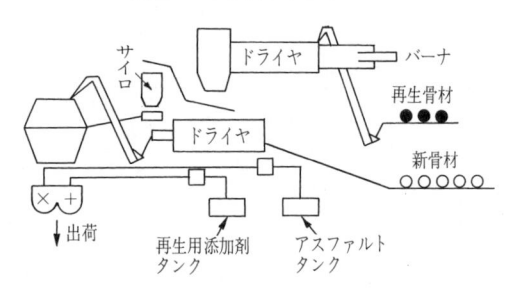

図 9.4　再生加熱アスファルト混合物の製造工程の例[3]

9.3　環境への配慮

　建設材料として環境に配慮すべきことは，資源を有効的に再利用することでエネルギー消費を抑え，環境に与える負荷を低減する事にあるといえる。また，でき上がった構造物が周辺環境と調和し，動植物などの生態系を保持することも環境への配慮の大事なことである。

9.3 環境への配慮

コンクリートについて見れば，地球環境への負荷低減に寄与するとともに，生態系と調和あるいは共生をはかることができ快適な環境を創造するのに有用なコンクリートを**エココンクリート** (environmental friendly concrete/Eco-concrete) としている（図 **9.5**）。

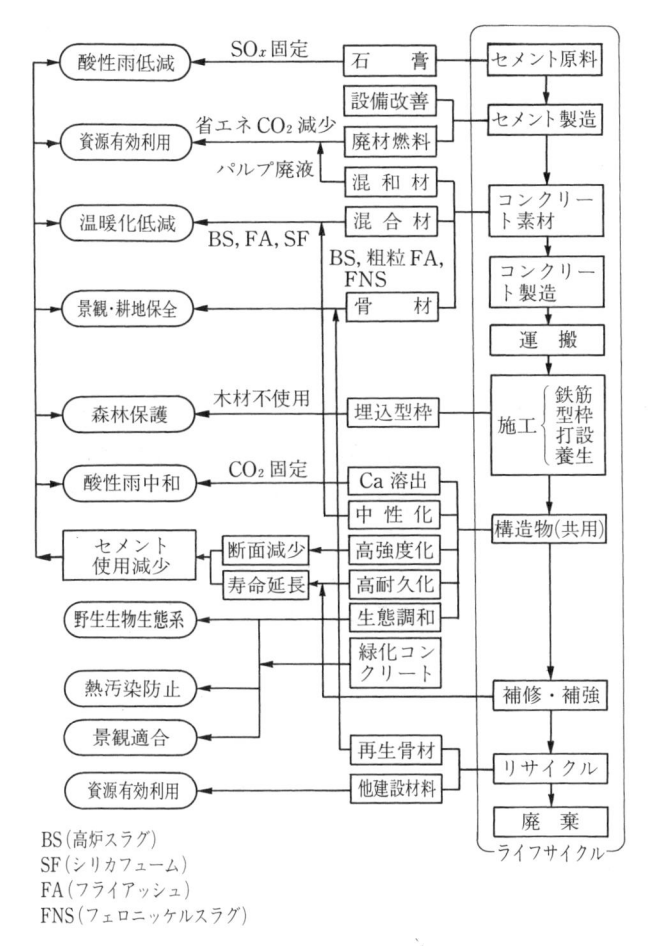

図 9.5 エココンクリートへの改質[26]
〔藤井卓：エココンクリートとISO 14000, p.15, 日本コンクリート工学協会(1998)より〕

エココンクリートは**環境負荷低減型** (environmentally mitigatable concrete) と動植物などへの**生物対応型** (organism adaptable concrete) とに大

別される。

環境負荷低減型エココンクリートは

   1) 産業副産物や廃棄物を利用したもので再生利用を目的としたもの

   2) 多孔質な連続空隙を有するポーラスコンクリートとしたもの

で，断熱材，吸音材，有害ガス吸着材，湿度調節材，エネルギーの蓄熱材としての可能性があるほか，歩車道用排水舗装材として利用されている。生物対応型エココンクリートは生物への生息場所を確保する，あるいは生息に悪影響を及ぼさないコンクリートやコンクリート構造物である。

  その一つとして，植生コンクリートが挙げられる。連続空隙を有するポーラスコンクリートの空隙に植物を生育させるもので，河川や道路および法面などに利用されている。また，河川や湖沼などの水際域における小動物の生息空間としてもポーラスコンクリートが利用されている。動植物の生育や棲息によって，水質を浄化する作用もあることから，エココンクリートは環境に配慮したコンクリートであるといえる。地球環境に負荷を与えずに貢献する方法は種々考えられるが，つねに環境との調和をはかろうとする姿勢が大切なことといえる。

演 習 問 題

【1】 コンクリート塊のリサイクル方法について述べよ。

【2】 再生細骨材・再生粗骨材の特徴について述べよ。

【3】 生態系に及ぼすポーラスコンクリートの特徴について述べよ。

【4】 環境にやさしいコンクリートとはどのようなものかについて述べよ。

引用・参考文献

　建設材料関係の文献は，優れたものが数多く出版されている．ここでは，特に本書の執筆にあたって参考としたもののみを以下に記して謝意を表したい（順不同）．

1) 土木学会：2002年制定コンクリート標準示方書「施工編」，社団法人土木学会（2002）
2) 川村満紀：土木材料学，森北出版（1996）
3) 竹村和夫 他：建設材料，森北出版（1998）
4) 土木施工：セメント混和用ポリマーディスパージョン及び再乳化形粉末樹脂の品質（JISA 6203），建設材料，p. 229，山海堂（1985）
5) 樋口芳朗 他：建設材料学（第二版），技報堂出版（1984）
6) セメント協会：セメントの常識，セメント協会（1992）
7) 村田二郎 他：土木材料コンクリート 第3版，共立出版（1997）
8) 土木学会：平成11年版コンクリート標準示方書「施工編」—耐久性照査型，土木学会（1999）
9) 土木学会：平成11年版コンクリート標準示方書，土木学会（1999）
10) 西村昭 他：最新「土木材料」第2版，森北出版（1988）
11) 土木学会：平成8年制定コンクリート標準示方書 施工編，土木学会（1996）
12) 近藤泰夫，坂静雄：コンクリート工学ハンドブック，朝倉書店（1978）
13) 西林新蔵 編著：改訂新版 土木材料，朝倉書店（1997）
14) 西林新蔵 編著：エース 建設構造材料，朝倉書店（1999）
15) 土木学会：水中コンクリートのスランプの標準（示方書），（1999）
16) 土木学会：耐久性から定まるコンクリートの最大水セメント比（示方書），（1999）
17) 長瀧重義 監修：コンクリートの高性能化，技報堂出版（1997）
18) 土木施工：軽量骨材コンクリートの単位容積質量，土木材料ハンドブック，26, 5, p. 124, 山海堂（1985）
19) 土木施工：引張り強度および曲げ強度と圧縮強度との関係，土木材料ハンドブ

ック，26, 5, p. 125, 山海堂 (1985)
20) 土木学会：2002 年制定コンクリート標準示方書「基準編」，土木学会 (2002)
21) 近藤泰夫，岸本進，角田忍：新版土木材料学（新編土木工学講座），コロナ社 (1997)
22) 三浦尚：土木材料学（土木系大学講義シリーズ），コロナ社 (1997)
23) 原田実：コンクリートの解体と再生，山海堂 (1998)
24) 宮川大海，吉葉正行：よくわかる材料学，森北出版 (1993)
25) 阿部道彦：コンクリート用再生骨材，コンクリート工学，35, 7, p. 43, 日本コンクリート工学協会 (1997)
26) 藤井卓：エココンクリートと ISO 14000, 36, 3, p. 15, 日本コンクリート工学協会 (1998)
27) 日本道路協会：プラント再生舗装技術指針 (1992)

演習問題解答

1 章

【1】〜【5】 本文参照

2 章

【1】 50.9 N/mm^2, 0.018, 0.004, 0.22
【2】 36 cm
【3】 本文参照
【4】 本文参照
【5】 20 N/mm^2
【6】 本文参照

3 章

【1】〜【5】 本文参照
【6】 可硫剤はゴム分子間を架橋して高弾性を与えるために用いられる。可塑剤は柔らかさを増すために用いられる。

4 章

【1】〜【3】 本文参照
【4】 カットバックアスファルトとは，石油アスファルトを石油系の溶剤で希釈（カットバック）し，粘度を下げて流動性をよくしたものである。ガソリンを混合したものをRC，軽油を混合したものをMC，重油を混合したものをSCという。常温混合式工法，浸透式工法，プライムコート，タックコート等に用いられる。

5 章

【1】 本文参照
【2】 本文参照

【3】 密度は，式（5.1）より
$$\rho_C = \rho_A V_A + \rho_B V_B = 2.3 \times 0.6 + 1.3 \times 0.4 = 1.90 \,\text{g/cm}^3 \text{ になる．}$$
また，弾性率 E_C は並列結合モデルでは，式（5.2）より
$$E_C = \frac{V_A \sigma_A + V_B \sigma_B}{\varepsilon} = E_A V_A + E_B V_B = 40 \times 0.6 + 10 \times 0.4 = 28 \,\text{kN/mm}^2$$

【4】 直列モデルのヤング係数は式（5.3）より
$$\frac{1}{E_C} = \frac{V_A}{E_A} + \frac{V_B}{E_B} = \frac{0.6}{40} + \frac{0.4}{10} = 0.055 (\text{kN/mm}^2)^{-1}$$
よって，$E_C = 18.2 \,\text{kN/mm}^2$

【5】 本文参照

6章

【1】〜【5】 本文参照

7章

【1】〜【4】 本文参照

【5】 セメントクリンカーを粉砕したものは水を加えれば瞬結してしまうため，凝結時間を遅らせるために石膏を3％程度混合する．

【6】 セメントの強さ試験は JIS R 5201 に準じて行う．セメント：砂 = 1：3，水セメント比 $W/C = 0.50$ のモルタルを用いる．セメントの強さ試験を行う場合，供試体の作製，および強度試験方法が一定であっても，砂の種類が変われば，それが強度に影響する．試験結果に普遍性をもたらすためには砂も一定のものを使用する必要があり，それが標準砂として JIS に規定されている．

【7】〜【11】 本文参照

【12】 $2.70 = 3.25A + 2.10B$
$1 = A + B$
$A = 0.52,\ B = 0.48$

【13】 粗粒率 $(\text{FM}) = \dfrac{8 + 59 + 83 + 600}{100} = 7.5$

粗骨材の最大寸法 $= 40\,\text{mm}$

【14】〜【16】 本文参照

【17】 ポゾラン材料：
　　　天然……火山灰，火山岩の分解物，ケイソウ，凝灰岩
　　　人工……フライアッシュ，シリカフューム
　　　ポゾラン反応：ポゾランが常温のもと，水の存在下で $Ca(OH)_2$ と反応して，

不溶性の物質を生成し，硬化する反応をいう。ポゾランの主要成分は活性なシリカおよびアルミナである。
【18】 本文参照

8章

【1】～【3】 本文参照
【4】 ブリーディングが多いと上部のコンクリートが多孔質となって強度，水密性が低下し耐久性を減じる。また，骨材粒子や鉄筋の下部に水膜を形成し，水密性や鉄筋コンクリートの付着が弱められ，全体の耐久性が低下する。
【5】～【7】 本文参照
【8】 おもに，セメントゲルの細孔中の水分が蒸発してセメントペーストが縮むことによって生じる。骨材が乾燥して縮む量はセメントペーストよりはるかに小さい。大気の湿度が低い，単位水量が多い，骨材量が少ない，単位セメント量が多い，コンクリート体積に対する表面積の比が大きい，などの事項は収縮量を大きくする。この収縮が拘束されるとコンクリートにひび割れが発生する。
【9】～【17】 本文参照

9章

【1】～【4】 本文参照

索引

【あ】

アウトプット法	129
亜鉛	50
アスファルト	25
アスファルトコンクリート	34
アスファルト混合物	33
アスファルト乳剤	27
アスファルトフェーシング	34
アスファルトライニング	34
アスファルトリペットメント	34
圧縮強度	110
圧縮率	6
アラミド繊維	17
アルカリ骨材反応	72
アルカリシリカ反応	72
アルカリシリケート反応	72
アルカリ炭酸塩岩反応	72
アルカリ量	55
RCD	90
アルミナセメント	59
アルミニウム	50
安定性	60

【い】

異形棒鋼	46
引火点	33
引火点試験	33
インプット法	129

【う】

打込み	94

【え】

永久ひずみ	5
AE減水剤	81
AEコンクリート	131
AE剤	80, 131
エラストマー	12
塩化物量	104
エントラップトエア	51, 131
エントレインドエア	81, 131
塩分	71

【お】

応力	3
応力-ひずみ曲線	15, 120
応力-ひずみ図	4

【か】

海砂	74
割線弾性係数	120
カットバックアスファルト	29
割裂試験	115
乾燥収縮	123
寒中コンクリート	139

【き】

気泡間隔	126
気泡分布	138
キャッピング	115
キャビテーション	128

【く】

吸音率	9
凝結時間	60
共鳴振動法	130
金属材料	39
空気中乾燥状態	63
空気量	101
空隙率	69
グースアスファルト	34
組合せ複合	38
クリープ	8, 122
クリンカー	53

【け】

形鋼	45
軽量骨材	74
軽量骨材コンクリート	152
減水剤	81
現場配合	98, 108

【こ】

硬化コンクリート	86
高強度コンクリート	148
合成ゴム	14
合成樹脂	12
合成繊維	16
高性能AE減水剤	82
高性能減水剤	81
鋼繊維補強コンクリート	156
鋼の製造	40
鋼板	44
降伏 (yield)	4

降伏強度	48	湿潤状態	63	【そ】			
降伏値	91	靭性	5	早強ポルトランドセメント			
高分子材料	11	伸度	32		57		
高炉スラグ微粉末	80	振動機	94	相対動弾性係数	126		
高炉セメント	58	振動締固め	112	側圧	96		
骨材	110	伸度試験	32	粗骨材の最大寸法	68		
骨材中の有害物	70	針入度	31	塑性	4		
骨材粒度による調整	108	針入度試験	31	塑性粘度	91		
コンクリート	51	針入度指数	32	粗粒率	64		
コンクリートポンプ	94	【す】		【た】			
混合セメント	58	水中不分離性コンクリート					
コンシステンシー	87, 88		144	耐久性	125		
コンパクタビリティー	87	水密性	128	耐久性指数 DF	126		
混和剤	79, 80	水和作用	55	体積弾性率	6		
混和材料	77	水和熱	56	体積変化	123		
細骨材率	103	錫	50	耐硫酸塩ポルトランド			
【さ】		ストレートアスファルト	26	セメント	58		
砕砂	73	スラグ骨材	75	単位セメント量	104		
砕石	73	スランプ	101	単位体積質量	8		
材料分離	91, 92	スランプ試験	89	単位容積質量	69, 109		
サスペンションプレヒータ		スランプフロー	89	弾性	4		
	53	【せ】		弾性限度	4		
【し】		静弾性係数	120	弾性余効	5		
		脆性	5	炭素繊維	17		
GRP	18	脆度係数	115	タンピング	95		
自己収縮	124	積算温度	96	【ち】			
仕事量	5	石油アスファルト	25	中庸熱ポルトランドセメント			
実積率	69	絶乾密度	64		58		
始発	57	設計条件	106	超音波法	130		
示方配合	98	接線弾性係数	120	超早強ポルトランドセメント			
締固め係数	90	絶対乾燥状態	63		57		
遮音度	9	接着剤	19	超速硬セメント	59		
若材齢コンクリート	86	セメント	51, 110	沈下度	90		
終結	57	繊維強化プラスチック		沈降収縮	92		
純引張試験	115		18, 36, 38	【つ】			
常温アスファルト混合物	33	せん断強度	117				
蒸発量	33	せん断弾性係数	6, 121	強さ	4, 48, 60		
初期弾性係数	120	銑鉄	40				
シリカセメント	58						
シリカフューム	79						

【て】

ディスパージョン	21
Davis-Glanvilleの法則	122
鉄金属	39
転移	59
天然アスファルト	25

【と】

凍結融解作用	126
動弾性係数	121
銅とその合金	49
特殊セメント	59

【な】

鉛	50
軟化点	32
軟化点試験	32

【ね】

熱可塑性樹脂	12
熱硬化性樹脂	13
熱処理	42
熱伝導度	32
熱膨張係数	32
練置きコンクリート	112
練返し	112
練混ぜ	93, 111
練混ぜ水	111
粘度	33
粘度計	33

【は】

配合強度	107
白色ポルトランドセメント	59
反発硬度法	129

【ひ】

比強度	37
微細物質	70
比重	31
ひずみ	3
ビチューメン	25
引張強度	115
非鉄金属	39
比熱	9, 32
非破壊検査	129
ひび割れ注入材	20
表乾密度	64
表面乾燥飽水状態	63
表面硬度法	129
表面水による補正	109
表面水率	63
比例限度	4
疲労強度	119
疲労破壊	7

【ふ】

フィニッシャビリティー	87
風化	57
吹付けコンクリート	146
付着	118
付着強度	118
普通ポルトランドセメント	57
フックの法則	4
フライアッシュ	79
フライアッシュセメント	58
プラスチシティー	87
プラスチックコンクリート	20
プラストマー	12
ブリーディング	92
ブリーディング率	92
ブリーディング量	92
ふるい分け試験	64
フレッシュコンクリート	86
プレパックドコンクリート	145
ブローンアスファルト	27
粉末度	60

【ほ】

ポアソン比	6, 121
棒鋼	45
膨張コンクリート	147
膨張材	80
保証応力	5
ポリマー含浸コンクリート	23
ポリマーセメントコンクリート	21
ポルトランドセメント	57
Whitneyの法則	122
ポンパビリティー	87, 94

【ま】

曲げ強度	116
マチュリティー	96, 114
マトリックス	51
丸鋼	46

【み】

ミキサー	93
水	76
密度	48, 59

【も】

モビリティー	87

【や】

焼入れ	44
焼なまし	42
熱ならし	42
焼戻し	44

【ゆ】

有機不純物	71
有効ヘッド	97
遊離石灰	60

【よ】

養　生	95, 112
養生温度	112

【り】

粒　形	64
粒　度	64
流動化コンクリート	157
流動化剤	81
粒度曲線	64
リラクセーション	8

【る】

ルシャテリエ比重瓶	60

【れ】

レイタンス	92
レオロジー試験	90
レジンコンクリート	38
レディーミクストコンクリート	94
レジンコンクリート	20

【ろ】

ロータリーキルン	53

【わ】

ワーカビリティー	87, 136

―― 著者略歴 ――

中嶋　清実（なかしま　きよみ）
1971年　名城大学理工学部土木工学科卒業
1979年　豊田工業高等専門学校助教授
1987年　工学博士（東京大学）
1989年　カリフォルニア大学バークレー校
　　　　客員研究員
1994年　豊田工業高等専門学校教授
2011年　豊田工業高等専門学校名誉教授

菅原　隆（すがわら　たかし）
1974年　東北学院大学工学部土木工学科卒業
1988年　八戸工業高等専門学校助教授
1998年　八戸工業高等専門学校教授
2001年　博士（工学）（北海道大学）
2015年　八戸工業高等専門学校名誉教授

角田　忍（かくた　しのぶ）
1968年　立命館大学理工学部土木工学科卒業
1971年　立命館大学大学院理工学研究科修士課程
　　　　修了（土木工学専攻）
1975年　明石工業高等専門学校助教授
1986年　工学博士（京都大学）
1991年　カナダ・カルガリー大学客員研究員
1993年　明石工業高等専門学校教授
2000年　カナダ・カルガリー大学客員研究員
2009年　明石工業高等専門学校名誉教授

建 設 材 料
Construction Materials

　　　　　　　　　　　　　　　　　　　　　　Ⓒ　Nakashima, Kakuta, Sugawara　2003

2003 年 3 月 6 日　初版第 1 刷発行
2020 年 2 月 25 日　初版第 10 刷発行

検印省略

著　者　中　嶋　清　実
　　　　角　田　　　忍
　　　　菅　原　　　隆
発行者　株式会社　コ ロ ナ 社
　　　　代 表 者　牛来真也
印刷所　富士美術印刷株式会社
製本所　有限会社　愛千製本所

112-0011　東京都文京区千石 4-46-10
発 行 所　株式会社　コ ロ ナ 社
CORONA PUBLISHING CO., LTD.
Tokyo Japan
振替 00140-8-14844・電話 (03)3941-3131(代)
ホームページ　https://www.coronasha.co.jp

ISBN 978-4-339-05508-5　C3351　Printed in Japan　　　　（金）

〈出版者著作権管理機構　委託出版物〉

本書の無断複製は著作権法上での例外を除き禁じられています。複製される場合は，そのつど事前に，
出版者著作権管理機構（電話 03-5244-5088，FAX 03-5244-5089，e-mail: info@jcopy.or.jp）の許諾を
得てください。

本書のコピー，スキャン，デジタル化等の無断複製・転載は著作権法上での例外を除き禁じられています。
購入者以外の第三者による本書の電子データ化及び電子書籍化は，いかなる場合も認めていません。
落丁・乱丁はお取替えいたします。

土木系 大学講義シリーズ

(各巻A5判，欠番は品切です)

■編集委員長　伊藤　學
■編集委員　青木徹彦・今井五郎・内山久雄・西谷隆亘
　　　　　　榛沢芳雄・茂庭竹生・山﨑　淳

配本順			頁	本体
2. (4回)	土木応用数学	北田 俊行 著	236	2700円
3. (27回)	測量学	内山 久雄 著	206	2700円
4. (21回)	地盤地質学	今井・福江 共著 足立	186	2500円
5. (3回)	構造力学	青木 徹彦 著	340	3300円
6. (6回)	水理学	鮭川 登 著	256	2900円
7. (23回)	土質力学	日下部 治 著	280	3300円
8. (19回)	土木材料学(改訂版)	三浦 尚 著	224	2800円
10.	コンクリート構造学	山﨑 淳 著		
11. (28回)	改訂 鋼構造学(増補)	伊藤 學 著	258	3200円
12.	河川工学	西谷 隆亘 著		
13. (7回)	海岸工学	服部 昌太郎 著	244	2500円
14. (25回)	改訂 上下水道工学	茂庭 竹生 著	240	2900円
15. (11回)	地盤工学	海野・垂水 編著	250	2800円
17. (30回)	都市計画(四訂版)	新谷・髙橋 共著 岸井・大沢	196	2600円
18. (24回)	新版 橋梁工学(増補)	泉・近藤 共著	324	3800円
19.	水環境システム	大垣 真一郎 他著		
20. (9回)	エネルギー施設工学	狩野・石井 共著	164	1800円
21. (15回)	建設マネジメント	馬場 敬三 著	230	2800円
22. (29回)	応用振動学(改訂版)	山田・米田 共著	202	2700円

定価は本体価格+税です。
定価は変更されることがありますのでご了承下さい。

図書目録進呈◆

環境・都市システム系教科書シリーズ

(各巻A5判，欠番は品切です)

■編集委員長　澤　孝平
■幹　　　事　角田　忍
■編集委員　荻野　弘・奥村充司・川合　茂
　　　　　　嵯峨　晃・西澤辰男

配本順				頁	本体
1.	(16回)	シビルエンジニアリングの第一歩	澤　孝平・嵯峨　晃 川合　茂・角田　忍 荻野　弘・奥村充司 共著 西澤辰男	176	2300円
2.	(1回)	コンクリート構造	角田　忍・竹村和夫 共著	186	2200円
3.	(2回)	土質工学	赤木知之・吉村優治 上　俊二・小堀慈久 共著 伊東　孝	238	2800円
4.	(3回)	構造力学Ⅰ	嵯峨　晃・武田八郎 原　　隆・勇　秀憲 共著	244	3000円
5.	(7回)	構造力学Ⅱ	嵯峨　晃・武田八郎 原　　隆・勇　秀憲 共著	192	2300円
6.	(4回)	河川工学	川合　茂・和田　清 神田佳一・鈴木正人 共著	208	2500円
7.	(5回)	水理学	日下部重幸・檀　和秀 湯城豊勝 共著	200	2600円
8.	(6回)	建設材料	中嶋清実・角田　忍 菅原　隆 共著	190	2300円
9.	(8回)	海岸工学	平山秀夫・辻本剛三 島田富美男・本田尚正 共著	204	2500円
10.	(9回)	施工管理学	友久誠司 竹下治之 共著	240	2900円
11.	(21回)	改訂 測量学Ⅰ	堤　　　隆 著	224	2800円
12.	(22回)	改訂 測量学Ⅱ	岡林　巧・堤　　隆 山中貴浩・田中龍児 共著	208	2600円
13.	(11回)	景観デザイン ―総合的な空間のデザインをめざして―	市坪　誠・小川総一郎 谷平　考・砂本文彦 共著 溝上裕二	222	2900円
15.	(14回)	鋼構造学	原　　隆・山口隆司 北原武嗣・和多田康男 共著	224	2800円
16.	(15回)	都市計画	平田登基男・亀野辰三 宮腰和弘・武井幸久 共著 内田一平	204	2500円
17.	(17回)	環境衛生工学	奥村充司 大久保孝樹 共著	238	3000円
18.	(18回)	交通システム工学	大橋健一・栁澤吉保 髙岸節夫・佐々木恵一 日野　智・折田仁典 共著 宮腰和弘・西澤辰男	224	2800円
19.	(19回)	建設システム計画	大橋健一・荻野　弘 西澤辰男・栁澤吉保 鈴木正人・伊藤　雅 共著 野田宏治・石内鉄平	240	3000円
20.	(20回)	防災工学	渕田邦彦・疋田　誠 檀　和秀・吉村優治 共著 塩野計司	240	3000円
21.	(23回)	環境生態工学	宇野宏司 渡部守義 共著	230	2900円

定価は本体価格+税です。
定価は変更されることがありますのでご了承下さい。

図書目録進呈◆